HISTORIA DEL CERO

Eugenio Manuel Fernández Aguilar

Historia del cero

Orígenes y evolución de la idea más
revolucionaria de las matemáticas

Para Vega y María José,
que desmienten el cero cada día,
que llenan los vacíos de la existencia
y convierten los huecos en hogar.

ÍNDICE

INTRODUCCIÓN

E l 28 de abril de 2025, a las 12:33 del mediodía, España entera se detuvo. No fue un corte programado, ni una simple avería eléctrica. Fue un colapso. Pantallas en negro, semáforos inertes, trenes detenidos en mitad de la vía. Durante horas —largas como siglos para quien aún vive con prisa— todo volvió a un estado previo. Sin actividad, sin impulso, sin cifras. Un instante nacional de vacío. Y un nombre que surgió espontáneamente: el cero eléctrico.

La paradoja estaba servida, pues en una sociedad que mide cada segundo, que calcula cada paso, que vive sobre el algoritmo, un apagón total devolvía al país a la experiencia del hueco. Una libreta sin escribir. Un reloj sin manecillas. Un cero no simbólico, sino físico. Real.

Este libro nace desde ese mismo vértigo. El vértigo del cero. Porque ese símbolo simple —un círculo hueco, una grafía sin contenido aparente— esconde tras de sí algunas de las ideas más complejas, perturbadoras y fascinantes que ha concebido el ser humano. No es solo un número. Es una grieta. Una trampa. Una revelación.

Aquí comienza una historia. Pero no una historia lineal. El lector puede saltar de un capítulo a otro sin perder el hilo, porque hay muchos hilos. Cada capítulo tiene su tono: narrativo, técnico, filosófico, histórico. Este libro es como una constelación en la que lo importante no es el orden, sino las conexiones.

Quizá convenga empezar por el principio. ¿De dónde viene esa palabra? ¿Por qué lo llamamos «cero»?

El término llega al español desde el italiano *zero*, que a su vez procede del bajo latín *zephyrum*, traducción de la voz árabe *ṣifr*, que significaba 'vacío'. Los árabes la tomaron del sánscrito *śūnya*, que ya significaba lo mismo: 'vacío', 'nada'. Fue Fibonacci —el gran matemático italiano formado en el norte de África— quien introdujo en Europa tanto el concepto como la palabra. Primero lo hizo como *zephyrum*, después como *zefiro* y, finalmente, como *zero*. Curiosamente, *zefiro* en italiano ya existía con otro sentido. El del «viento del oeste», que en griego era *zephyrus*. Un viento suave, casi imperceptible. Como el cero.

Y es que el cero no siempre fue bien recibido. De hecho, durante siglos no fue recibido en absoluto. En el primer capítulo veremos cómo las grandes culturas del pasado —como Egipto y Mesopotamia— construyeron mundos sin un símbolo numérico para el vacío. Lo intuyeron, lo esquivaron, lo representaron con marcas auxiliares, pero no lo convirtieron en número. Solo algunas civilizaciones excepcionales, como la maya en América, se atrevieron a darle forma y lugar en su sistema de numeración.

A continuación nos detendremos en la India, cuna de la notación posicional y del ya mencionado *śūnya* como símbolo operativo. Allí no solo se aceptó la nada, sino que se integró en el cálculo. Fue un cambio radical, de pensar el vacío como amenaza, a usarlo como herramienta.

Los griegos, sin embargo, lo rechazaron. Le dedicamos a esta idea un capítulo que explora su fascinación por lo lleno, lo continuo, lo medible. Aristóteles sentenció que «de la nada, nada puede surgir». Y esa sentencia se convirtió en dogma.

Frente a esa cerrazón, el siguiente capítulo nos lleva al mundo islámico, donde el cero floreció. Al-Juarismi y otros sabios adoptaron las cifras indias y desarrollaron con ellas una nueva aritmética. Fue el principio de la expansión.

En el próximo capítulo la historia se vuelve sorprendente: un papa —Silvestre II, antiguo Gerberto de Aurillac— introduce el cero en Europa desde la escuela catedralicia de Reims. Un pontífice que hablaba árabe, sabía álgebra y entendía de estrellas. Un puente entre mundos.

Pero el cero no solo generó avances. También trajo problemas. Y es lo que trabajaremos en el sexto capítulo, donde el cero se enfrenta al infinito. Y aparecen las paradojas, los límites, las formas indeterminadas. El cero se convierte en frontera entre el todo y la nada.

A continuación, tenemos un capítulo que baja al nivel subatómico. Hablaremos del experimento de Rutherford, donde el átomo se reveló como un vacío rodeado de partículas. De la energía del punto cero en la mecánica cuántica. De un universo casi vacío, que sin embargo está lleno de fluctuaciones.

Pero también hay espacio para un capítulo donde el cero se convierte en símbolo cultural. Es también una pausa en la intensidad de la lectura. La idea de la nada atraviesa religiones, músicas, silencios y palabras. Desde el silencio de Cage hasta el vacío contemplativo del misticismo, desde las pausas en una partitura hasta los huecos en los poemas, este capítulo devuelve al cero su condición de experiencia: no solo una cifra, sino una sensación, una vivencia. La nada que también puede ser plenitud.

El penúltimo capítulo nos lleva al presente. Vivimos en un mundo binario, hecho de ceros y unos. En cada bit que transmite tu móvil, en cada cálculo que realiza una inteligencia artificial, el cero está presente. Ya no es ausencia. Es estructura. Es código.

Pero incluso ahora seguimos luchando con la nada. Ya con el capítulo final nos enfrentaremos a nuestra compulsión por rellenar los huecos. Pero ojo, tanto los humanos como las máquinas generamos sentido donde no lo hay. Las IA alucinan. Los humanos inventamos recuerdos. No soportamos el vacío.

Y aún queda más. El primer apéndice recopila errores, paradojas y curiosidades matemáticas relacionadas con el cero: divisiones imposibles, potencias dudosas, confusiones históricas. El segundo apéndice propone juegos y acertijos, para quienes quieran seguir explorando el cero desde el lado lúdico.

Hay, además, una ausencia deliberada que el lector notará. ¿Cuál? Pues que no existe un año cero en nuestro calendario. El 1 a. C. fue seguido directamente por el 1 d. C. No hubo hueco, no hubo pausa. Como si la historia no pudiera permitirse el lujo de empezar desde la nada. Fue Beda, en el siglo VIII, quien popularizó esta convención en su *Historia eclesiástica del pueblo inglés*. Aunque conocía el cero —lo usó como epacta en sus cálculos de la Pascua— decidió no incluirlo en la cronología. Cero años, cero siglo, cero milenio. La historia, como el pensamiento, teme detenerse.

Y, sin embargo, aquí estamos. Empezando por el cero. Por el hueco. Por la libreta en blanco.

Porque a veces, lo que no está es lo que más importa.

1

ANTES DEL CERO: CULTURAS SIN VACÍO

Piensa por un momento en un mundo donde el concepto de «nada» no existe. Un universo en el que cada cálculo, cada registro y cada observación se construyen sin reconocer el vacío. Aunque no lo creas, así vivieron muchas de las civilizaciones más avanzadas de la Antigüedad. Egipto, Mesopotamia y los mayas, entre otras, crearon sistemas matemáticos sorprendentes, pero todos tenían un denominador común: la ausencia de un símbolo que representara el vacío. Esta carencia definió sus formas de pensar y de resolver problemas, pero también provocó limitaciones en su desarrollo matemático.

El concepto del cero, tal como lo entendemos hoy, es una idea que parece fundamental, una piedra angular sin la cual las matemáticas modernas serían inconcebibles. Sin embargo, durante milenios, el mundo funcionó sin él. La contabilidad, la astronomía, la arquitectura y la navegación se desarrollaron en un contexto donde el cero no tenía lugar. Vamos a iniciar nuestro viaje hacia la nada desde el origen, analizando cómo las grandes civilizaciones de la Antigüedad construyeron sus sistemas matemáticos sin esta noción revolucionaria. ¿Cómo organizaban su pensamiento sin el cero? ¿Qué implicaciones culturales, sociales y filosóficas se escondían detrás de esta ausencia que hoy nos podría resultar tan escandalosa?

Más allá de una cuestión técnica, la falta del cero en estas culturas es un reflejo de cómo entendían el mundo que les rodeaba. En sus sistemas de numeración, el vacío no era un problema por resolver, sino una ausencia que simplemente se aceptaba. Los números existían para contar y registrar, pero nunca para representar lo que no está.

A medida que avancemos, veremos cómo Egipto, Mesopotamia y los mayas, entre otras culturas, se enfrentaron a esta ausencia. Analizaremos sus métodos, sus logros y las preguntas que dejaron sin responder. Este recorrido nos permitirá, obviamente, entender sus matemáticas, pero también nos dejará apreciar la profunda conexión entre los números y la manera en que cada civilización se relaciona con el tiempo, el espacio y la existencia misma.

En un mundo sin el cero, ¿cómo se calcula el vacío? Esa es la pregunta que nos guiará.

EGIPTO: ETERNIDAD EN JEROGLÍFICOS

Egipto no solo fue tierra de faraones y de monumentos que desafiaron el paso del tiempo. Fue también un crisol de innovación matemática. Desde los jeroglíficos tallados en las piedras de los templos hasta los papiros que aún hoy revelan secretos antiguos, su sistema matemático refleja una civilización obsesionada con el orden, la precisión y la eternidad. Sin embargo, este brillante legado se forjó sin el concepto del cero. Los números egipcios, al igual que las estrellas que iluminaban sus cielos, estaban destinados a representar lo tangible, lo eterno, sin espacio para el vacío matemático.

REPRESENTACIÓN DE NÚMEROS
Y SISTEMA DECIMAL EGIPCIO

El sistema de numeración egipcio se basaba en un sistema decimal aditivo. En este sistema cada número se construye mediante la repetición de jeroglíficos específicos que representaban potencias de diez. Se trata de una línea vertical para el número uno, un grillete o arco para diez, una cuerda enrollada para cien, un loto para mil, un dedo levantado para diez mil, un renacuajo para cien mil y, finalmente, un hombre arrodillado para un millón, basado en el dios Heh. Cada símbolo podía repetirse hasta nueve veces para sumar su valor.

Un inciso. Para los egipcios, la eternidad no era una línea sin fin, sino un estado perpetuo y cíclico, una existencia que se renovaba constantemente. Heh se representa con los brazos alzados sosteniendo el símbolo de la vida *(ankh)*. Se trataba de un símbolo de duración infinita del cosmos y de la continuidad del reinado del faraón, cuyo poder debía prolongarse más allá del tiempo terrenal. En templos y tumbas, se le representaba a menudo en pares, subrayando la idea de un equilibrio cósmico sostenido en la dualidad. Su presencia en relieves reales enfatizaba la promesa de un orden inmutable, en el que el universo y la monarquía egipcia permanecerían estables por toda la eternidad.

Volvamos al sistema de numeración egipcio para traer un ejemplo. El número 356 se representaría combinando tres lotos (300), cinco rollos de papiro (50) y seis líneas verticales (6). No existía un signo que indicara la posición del dígito, lo que significaba que cada número debía representarse gráficamente con precisión para evitar confusiones. Esto hacía que las inscripciones numéricas fueran largas y, a menudo, ocupaban mucho espacio en papiros o monumentos.

Aunque funcional, este sistema carecía de la economía y versatilidad de los sistemas posicionales, como el sexagesimal de Mesopotamia. La ausencia de un cero obligaba a los escribas

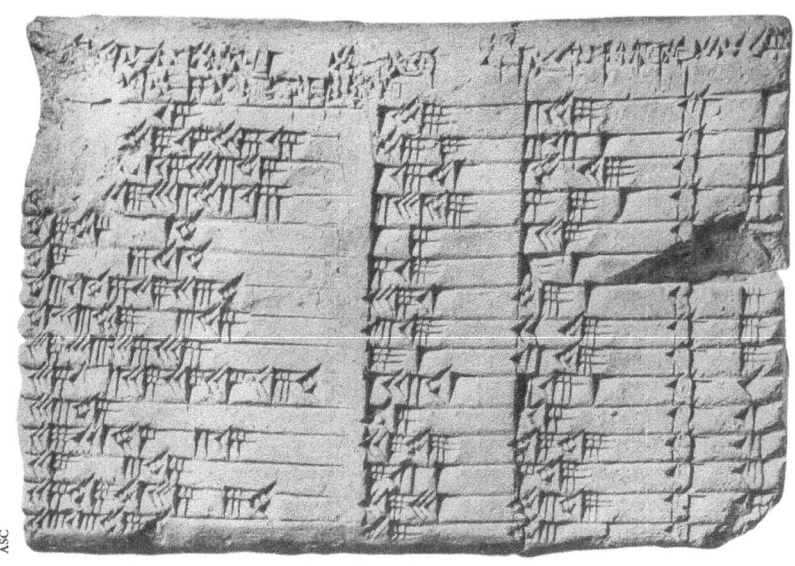

ASC

Tablilla de Plimpton 322, Museo de Historia Natural de Nueva York.

egipcios a encontrar soluciones ingeniosas para resolver problemas prácticos, desde la contabilidad hasta la planificación arquitectónica.

MATEMÁTICAS PARA LA CONSTRUCCIÓN

Si hay un aspecto donde los matemáticos egipcios destacaron fue en la arquitectura. Las pirámides de Giza son un testimonio de sus habilidades. ¿Cómo lograron diseñar y construir estructuras tan imponentes sin un sistema matemático sofisticado? Esta pregunta no debe guiarnos hacia extrañas hipótesis extraterrestres.

El Papiro de Rhind, uno de los textos matemáticos más importantes de Egipto, revela cómo los escribas empleaban fracciones unitarias para realizar cálculos complejos. Estas fracciones, donde el numerador siempre era uno, se sumaban para aproximar valores. Por ejemplo, 2/3 se expresaba como la suma de 1/2 + 1/6. Este enfoque, aunque complicado para nuestros estándares modernos, permitía realizar cálculos con una precisión notable.

El Papiro de Rhind contenía algo más que métodos para operar con fracciones unitarias. Incluía tablas de conversión y problemas aplicados a la administración de recursos. Además de ejercicios matemáticos, el documento aborda cuestiones prácticas como el reparto de pan y cerveza, cálculos de volúmenes de graneros e incluso una aproximación a π basada en la relación entre el área de un círculo y su cuadrado circunscrito. Estos problemas reflejan la importancia de la matemática en la gestión agrícola y económica del Antiguo Egipto, lo cual se traduce en una herramienta eficaz para que los pudieran llevar la contabilidad y la planificación.

En la construcción de pirámides, los egipcios usaron proporciones geométricas que hoy asociamos con el número áureo y el triángulo sagrado (3:4:5). La base cuadrada y las caras triangulares de las pirámides eran cuidadosamente medidas para garantizar la estabilidad y la simetría. Además, para medir tierras y asignar impuestos, desarrollaron técnicas avanzadas de geometría práctica, anticipándose a principios que luego se formalizarían en la matemática griega.

Sin el cero, los egipcios dependían de la repetición, la medición directa y una organización meticulosa para resolver problemas arquitectónicos y logísticos. Esto refleja un enfoque basado en la precisión física, más que en la abstracción matemática.

Papiro Boulaq 18: el proto-cero babilonio

Eso de que Egipto no usaba el cero es, como mínimo, objeto de debate. El Papiro Boulaq 18, un documento administrativo del Antiguo Egipto datado en la XIII Dinastía (alrededor del

1750 a. C.), ha estado en el punto de mira de historiadores y matemáticos por su posible relación con el concepto de un proto-cero. Este papiro, que fue descubierto en 1860 en la tumba del escriba Neferhotep, en Dra Abu el-Naga, registra la contabilidad del palacio de Tebas, incluyendo listas detalladas de oficiales y las raciones que recibían a diario. Aunque su función principal era la gestión económica, algunos investigadores han sugerido que ciertos símbolos jeroglíficos en el documento podrían haber servido como marcadores de posición numérica, una característica esencial en el desarrollo del cero matemático.

Uno de los signos más discutidos es el jeroglífico *nfr*, tradicionalmente traducido como 'bueno' o 'perfecto', pero que en el contexto de registros contables podría haber indicado un saldo neutral o una ausencia de cantidad a registrar. Este uso, si bien no es un cero en el sentido matemático moderno, presenta similitudes con el concepto babilónico de un marcador de posición, empleado en tablillas cuneiformes para distinguir órdenes de magnitud dentro de un mismo número. Sin embargo, la evidencia en el Papiro Boulaq 18 sigue siendo ambigua, y muchos egiptólogos advierten contra una interpretación excesiva de este signo como un precursor directo del cero.

Además de su posible conexión con la numeración egipcia, el papiro refleja la meticulosa organización administrativa del Antiguo Egipto. En sus inscripciones se detallan no solo las cantidades asignadas a cada funcionario, sino también eventos importantes como la llegada de delegaciones extranjeras y las peregrinaciones del faraón a templos como el de Medamud. Esta combinación de registros financieros y narraciones oficiales sugiere que los escribas egipcios utilizaban herramientas matemáticas avanzadas para gestionar grandes volúmenes de información, aunque sin desarrollar un sistema posicional como el babilónico.

Aun teniendo en cuenta la incertidumbre sobre su función exacta, el Papiro Boulaq 18 ofrece una ventana fascinante a la evolución del pensamiento numérico en el mundo antiguo. Si bien los egipcios no llegaron a formular un concepto explícito de cero, su capacidad para manejar ausencias y balances en registros administrativos indica un nivel de abstracción que sentaría las bases para desarrollos posteriores en la historia de la matemática.

LIMITACIONES DEL SISTEMA

A pesar de sus logros, la ausencia del cero limitó las aplicaciones prácticas y el alcance teórico de la matemática egipcia. Los números grandes requerían una escritura extensa, y los cálculos complejos dependían de tablas preestablecidas, como las de multiplicación y fracciones que se encontraron en el Papiro de Moscú. Esto hacía que el sistema fuera rígido y dependiera de la memoria y la habilidad individual de los escribas.

Uno de los aspectos más llamativos del Papiro de Moscú es su contenido geométrico, que muestra un conocimiento avanzado de los volúmenes y áreas de distintas figuras. Entre los problemas más notables se encuentra el cálculo del volumen de un tronco de pirámide, lo que indica que los egipcios conocían una versión primitiva de la fórmula que hoy utilizamos para este tipo de sólidos. También incluye cálculos sobre áreas de triángulos y la superficie de un hemisferio, lo que sugiere que los escribas egipcios tenían métodos para trabajar con curvas, aunque sin un sistema algebraico desarrollado. Estos ejemplos reflejan que, a pesar de la falta de un sistema posicional con un cero explícito, los egipcios lograron resolver problemas matemáticos avanzados mediante reglas empíricas y técnicas aritméticas bien estructuradas.

No obstante, la falta de un cero dificultaba la conceptualización de valores negativos, vacíos o nulos en los cálculos. Por ejemplo, en la contabilidad, aunque los egipcios podían registrar deudas, no podían expresar numéricamente el concepto de «no tener». Todo debía representarse mediante valores positivos o mediante sistemas narrativos en lugar de numéricos.

En términos filosóficos, esta carencia podría reflejar cómo los egipcios concebían el mundo. Se trataba de un universo eterno, donde la existencia prevalece sobre el vacío. Mientras que otras civilizaciones, como la india, abrazaron la idea de la nada como un componente esencial del cosmos, Egipto se enfocó en la permanencia y en el registro de lo que era tangible y duradero.

MESOPOTAMIA: LA SEMILLA DEL CERO

Mesopotamia es conocida como la cuna de la civilización. Marcó el inicio de las ciudades y la escritura, aunque también el de un sistema matemático sorprendentemente avanzado que impactaría el pensamiento humano durante milenios. En esta fértil región entre los ríos Tigris y Éufrates, los antiguos sumerios, babilonios y asirios desarrollaron un sistema sexagesimal que sentaría las bases de cálculos astronómicos, contables y arquitectónicos. Aunque este sistema no incorporó un concepto pleno del cero, sí rozó su noción, siendo una de las civilizaciones que más cerca estuvo de concebir esta idea fundamental.

INNOVACIÓN DEL SISTEMA SEXAGESIMAL: UN SUSTITUTO DEL CERO COMO PRECURSOR

El sistema sexagesimal mesopotámico es uno de los legados matemáticos más influyentes de la historia. A diferencia del sistema decimal utilizado en Egipto, los mesopotámicos empleaban un sistema basado en el número 60. Este enfoque era tanto aditivo como posicional, lo que significa que el valor de un número dependía tanto del símbolo como de su posición relativa.

Por ejemplo, el número 1 podía representarse mediante un único símbolo, pero si estaba en la segunda posición, valía 60; si estaba en la tercera, 3600. Así sucesivamente. Esta innovación permitió realizar cálculos más complejos y facilitó la representación de números grandes, algo esencial para las necesidades administrativas y astronómicas de la época.

El uso de 60 como base numérica no fue arbitrario. Se cree que los mesopotámicos eligieron este número porque es altamente divisible. En concreto por 2, 3, 4, 5, 6, 10, 12, 15, 20, 30 y 60. Esto lo hacía ideal para fracciones y cálculos prácticos en áreas como la agricultura, el comercio y la astronomía.

Sin embargo, el sistema posicional tenía una limitación. En sus inicios carecía de un símbolo claro para representar el vacío entre posiciones. Esto podía generar confusión en la interpretación de números grandes. Por ejemplo, en una escritura poco clara, 3601 (que en el sistema mesopotámico se representaría con un 1 en la tercera posición y otro en la primera) podía malinterpretarse como 61 si no había suficiente contexto. Para solucionar este problema, los escribas mesopotámicos comenzaron a dejar un espacio vacío entre los dígitos y, con el tiempo, introdujeron un pequeño marcador de posición, un símbolo destinado a señalar la ausencia de un valor en una determinada posición. Este recurso, aunque no era un cero en el sentido moderno, representó un paso crucial en la evolución de los sistemas numéricos y anticipó el concepto que siglos después se desarrollaría plenamente en la India.

Aplicaciones en la astronomía

La astronomía fue una de las grandes áreas donde los mesopotámicos aplicaron su sistema matemático. Sus observaciones celestes, registradas en miles de tablillas de arcilla, muestran un nivel de precisión impresionante para su época. Usando su sistema sexagesimal, crearon tablas de cálculo que les permitían predecir fenómenos astronómicos como eclipses, posiciones planetarias y ciclos lunares.

El sistema posicional fue esencial para estas predicciones. Por ejemplo, las tablas de multiplicación y reciprocas encontradas en las ruinas de Nippur muestran cómo los babilonios realizaban cálculos complejos con fracciones. Estas tablas eran herramientas prácticas que les permitían simplificar operaciones que de otro modo habrían sido tediosas y poco precisas.

Los mesopotámicos desarrollaron el primer calendario lunar conocido, con meses de 30 días y un año de 360 días, ajustado periódicamente para mantenerse alineado con los ciclos solares. Este calendario no solo fue crucial para la agricultura, también lo fue para sus rituales religiosos, que estaban profundamente vinculados a los movimientos celestes.

Uno de los logros más notables de la astronomía mesopotámica fue la creación de tablas de efemérides, que registraban las posiciones diarias de los planetas a lo largo del año. Estas tablas requerían cálculos matemáticos avanzados que dependían del sistema sexagesimal. Aunque los babilonios no tenían un concepto pleno del cero, su habilidad para representar números grandes y realizar cálculos precisos les permitió desarrollar modelos astronómicos que seguirían siendo útiles durante siglos.

¿Realmente los mesopotámicos estuvieron a las puertas del vacío?

Los mesopotámicos comprendieron la importancia de representar la ausencia de valor dentro de su sistema posicional. La introducción de un marcador de posición en sus tablillas cuneiformes fue un avance clave que evitaba ambigüedades en la lectura de números grandes. Sin embargo, este marcador nunca evolucionó hasta convertirse en un número independiente con valor propio, como sucedería siglos después con el cero matemático.

La razón de esta limitación probablemente radique en el enfoque pragmático de la matemática mesopotámica. Sus cálculos estaban orientados a resolver problemas concretos. Hablamos de la medición de tierras, la contabilidad de tributos y la predicción de fenómenos astronómicos. En este contexto, conceptualizar el vacío como una entidad numérica no era una necesidad, sino una abstracción que solo surgiría en sociedades con una visión matemática más teórica.

Aun así, su sistema sexagesimal dejó una huella imborrable. Los principios de su numeración y su organización posicional influyeron en culturas posteriores, especialmente en la India, donde el cero finalmente emergió como un concepto plenamente desarrollado. Más que una simple herramienta administrativa, la matemática mesopotámica sentó las bases para una revolución numérica que cambiaría la forma en que el mundo entendería los números.

Mayas: entre dioses y números

En las selvas y tierras altas de Mesoamérica, los mayas desarrollaron una de las civilizaciones más avanzadas del mundo antiguo. Sus logros en astronomía, matemáticas y arquitectura no solo reflejan un profundo entendimiento del cosmos, sino también una conexión intrínseca entre lo divino y lo humano. Dentro de este legado, uno de sus mayores hitos fue la conceptualización y el uso del cero, un símbolo que tenía algo más que un valor matemático, pues suponía un significado espiritual y filosófico profundamente enraizado en su cosmovisión.

Innovación maya: el cero como símbolo

Los mayas fueron una de las primeras civilizaciones en el mundo en reconocer y utilizar el cero como un símbolo matemático independiente, una innovación que colocó su sistema de numeración entre los más sofisticados de su tiempo. A diferencia de otros pueblos, los mayas no solo coquetearon con la idea del vacío, puesto que también la abrazaron y le dieron un papel crucial en su sistema matemático.

El sistema de numeración maya era vigesimal, es decir, basado en múltiplos de 20. Utilizaba tres símbolos principales: un punto para representar el número 1, una barra para el 5 y un símbolo con forma de concha para el 0. La inclusión del cero permitió a los mayas desarrollar un sistema posicional que les daba flexibilidad para realizar cálculos complejos y representar números grandes de manera compacta y eficiente.

Uno de los usos más destacados del cero fue en su calendario. Los mayas manejaban dos sistemas calendáricos principales: el Haab, un calendario solar de 365 días, compuesto por 18 meses de 20 días cada uno, más un mes adicional de cinco días llamado Wayeb, y el Tzolkin, un calendario ritual de 260 días, basado en la combinación de 20 nombres de días con 13 números en ciclos repetitivos. El cero era fundamental para marcar el inicio de estos ciclos, lo que muestra que no solo era una herramienta matemática, sino también una representación simbólica de los comienzos y los finales dentro de su percepción cíclica del tiempo.

El cero no era únicamente una ausencia de valor; para los mayas, simbolizaba el vacío fecundo, un estado de potencialidad que precedía a la creación. Esta idea estaba profundamente conectada con su cosmovisión, donde el universo era entendido como un ciclo eterno de creación, destrucción y renacimiento.

¿Cómo escribían el cero los mayas?

El sistema numérico maya, basado en la vigesimalidad, fue una de las primeras estructuras matemáticas en la historia en integrar un símbolo para representar el cero. En inscripciones y códices, los mayas utilizaban una concha estilizada para denotar el vacío dentro de su sistema posicional. Este glifo, conocido como cero caligráfico, cumplía algo más que una función matemática, ya que albergaba una fuerte carga simbólica y filosófica, representando el ciclo de la creación y la renovación.

Además de la concha, en algunos códices y monumentos se han hallado otras representaciones del cero, como semillas de maíz y flores, que refuerzan su asociación con la noción de plenitud y el paso de un estado a otro. Estas variaciones en la escritura del cero muestran la flexibilidad del sistema maya y su integración con la cosmovisión de su tiempo. A diferencia de otras civilizaciones que solo utilizaban el cero como un marcador de posición, los mayas lo incorporaron de manera integral en su numeración y en sus cálculos astronómicos.

Este enfoque visual y simbólico del cero es un testimonio de la complejidad del pensamiento matemático y cultural maya.

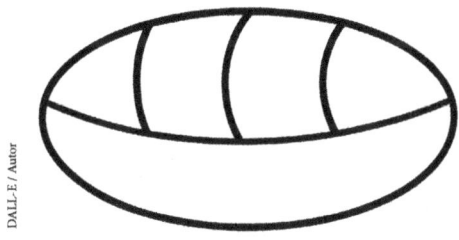

DALL·E / Autor

Representación esquemática del cero maya.

Mientras que en otros sistemas numéricos el cero fue una invención tardía y puramente funcional, en el mundo maya adquirió un significado dual. Por un lado, facilitó operaciones matemáticas avanzadas y, por otro, reflejó la estructura cíclica del universo según su cosmovisión. Su representación caligráfica, más que un simple signo numérico, era una manifestación de la interconexión entre el tiempo, la naturaleza y la matemática en esta gran civilización. Vamos a avanzar un poco más sobre esta idea.

Diferencias culturales y religiosas

El uso del cero en la cultura maya no puede entenderse plenamente sin profundizar sus raíces culturales y religiosas. Para los mayas, los números no eran meras herramientas para medir o contar; eran entidades vivas cargadas de significados cósmicos y espirituales. Cada número estaba asociado con deidades, fuerzas naturales y eventos celestiales, integrándose profundamente en su cosmovisión.

El cero, como se ha adelantado, no era solo un símbolo matemático. Su forma evocaba el vientre vacío de la madre tierra, un espacio donde la vida podía gestarse. En la mitología maya, el vacío estaba asociado con la creación misma. Según el *Popol Vuh*, el libro sagrado de los mayas, los dioses crearon el mundo desde el caos primigenio, un estado que puede interpretarse como vacío o nada. Este vínculo entre el cero y el inicio de la creación refuerza su relevancia espiritual y simbólica.

Por otra parte, los mayas consideraban el tiempo como un ciclo interminable de nacimientos y renacimientos, una percepción que se reflejaba en sus calendarios. Para ellos, el cero no solo marcaba el inicio de un ciclo, pues simbolizaba la transición entre el pasado y el futuro. Esta comprensión del tiempo era radicalmente diferente de la concepción lineal predominante en las culturas occidentales, lo que les ofreció la posibilidad de desarrollar una visión única y profundamente espiritual del universo.

Es interesante notar cómo esta percepción influenció sus prácticas rituales. Los sacerdotes mayas utilizaban el cero y otros números en cálculos para predecir eventos astronómicos, planificar ceremonias y determinar momentos propicios para la siembra y la cosecha. Esto muestra cómo las matemáticas y la religión estaban intrínsecamente entrelazadas en la vida cotidiana de los mayas.

Un problema con el legado maya

El impacto del sistema numérico maya, y en particular del cero, ha soportado bien el paso del tiempo, aunque a medias. Su conceptualización influyó directamente en las matemáticas y la astronomía precolombinas, y su legado sigue siendo una fuente de admiración para los estudiosos modernos.

Como hemos visto, a diferencia de otras culturas como Mesopotamia o Egipto, que utilizaron marcadores rudimentarios para denotar el vacío, los mayas desarrollaron un símbolo plenamente integrado en su sistema numérico. Este avance les permitió realizar cálculos astronómicos con una precisión asombrosa, como la duración exacta del año solar o los ciclos de Venus, que eran cruciales para su agricultura y rituales.

Sin embargo, el legado maya del cero no se extendió a otras culturas contemporáneas debido a la falta de contacto y continuidad entre las civilizaciones del Viejo y Nuevo Mundo. Fue solo con la llegada de los europeos que su sistema de numeración comenzó a ser conocido, aunque lamentablemente, muchas de las tablillas y códices que contenían este conocimiento fueron destruidos durante la conquista.

En una comparación con otras civilizaciones, los mayas destacan por su habilidad para combinar abstracción matemática con simbolismo cultural. Mientras que el cero en la India emergió como una herramienta puramente matemática, en el mundo maya adquirió un significado dual: una herramienta práctica y un símbolo cósmico. Este enfoque integrador refleja una visión del mundo donde lo tangible y lo espiritual coexisten de manera armoniosa.

COMPARATIVA CON LA GRECIA ANTIGUA

Los griegos antiguos, cuya influencia en el pensamiento occidental ha sido inmensa, se enfrentaron a la idea del vacío de manera deliberada, marcando un fuerte contraste con las culturas mesopotámicas y mayas que, al menos tangencialmente, rozaron la noción del cero. Esta resistencia se debe, en gran parte, a las ideas filosóficas de Aristóteles, quien argumentó que la naturaleza aborrece el vacío *(horror vacui)*, como veremos en otro capítulo con más detenimiento. Según Aristóteles, el vacío no podía existir porque no tenía una función en el cosmos; para él, todo espacio debía estar lleno de materia o sustancia. Es un tema que trataremos en otro capítulo, con más profundidad.

En el ámbito matemático, los griegos desarrollaron un enfoque geométrico que evitaba la necesidad del cero. En lugar de utilizar un sistema posicional como el de los mesopotámicos, su enfoque se basaba en magnitudes continuas y proporciones, plasmadas en las obras de Euclides y otros grandes matemáticos de la época. Este énfasis en la geometría como herramienta fundamental para entender el mundo no requería un símbolo para el vacío, y por lo tanto, no incentivó su desarrollo.

En la misma línea argumental, las paradojas de Zenón, como la famosa paradoja de Aquiles y la tortuga, reflejan una lucha temprana con conceptos relacionados con el infinito y el vacío, pero estas paradojas no llevaron a una aceptación de la idea del cero. Por el contrario, reforzaron la dependencia griega en la lógica y en sistemas continuos, dejando al cero fuera del ámbito del pensamiento aceptado.

Sin embargo, el rechazo del vacío en la Grecia antigua no debe interpretarse como un estancamiento, sino como una exploración diferente del universo. La preferencia por lo concreto y lo lleno tuvo implicaciones duraderas en la filosofía, la física y las matemáticas occidentales. Estas bases serían desafiadas siglos más tarde por civilizaciones y contextos culturales que aceptarían el vacío como parte del orden natural.

Contrastes con India y su aceptación posterior

Mientras los griegos veían al vacío como una anomalía filosófica, en la India la nada se convirtió en un concepto esencial tanto en las matemáticas como en la espiritualidad. Los textos filosóficos y matemáticos indios, como el *Brāhmasphuṭasiddhānta* de Brahmagupta, no solo aceptaron el vacío, sino que lo transformaron en un elemento fundamental para comprender el cosmos y desarrollar sistemas numéricos avanzados.

La filosofía india, influenciada por tradiciones como el budismo y el hinduismo, veía el vacío no como un estado de ausencia, sino como una potencialidad infinita. Este enfoque contrastaba profundamente con el *horror vacui* aristotélico. Para los indios, el vacío era el punto de partida de la creación, una idea reflejada tanto en textos espirituales como en innovaciones matemáticas.

En términos prácticos, esta apertura filosófica permitió el desarrollo del símbolo del cero y su integración en un sistema numérico posicional, mucho más eficiente que cualquier otro conocido hasta entonces. Veremos en el siguiente capítulo que esto facilitó cálculos más complejos y marcó el inicio de una revolución matemática que, a continuación, se transmitiría al mundo islámico y de allí a Europa.

En comparación con los griegos, los indios adoptaron una visión más abstracta y flexible de la realidad, lo que les dio para concebir ideas como el cero y el infinito con mayor facilidad. Este contraste entre la resistencia griega y la aceptación india no solo refleja diferencias culturales, sino también los caminos divergentes que tomaron estas civilizaciones en su búsqueda por comprender el universo.

Todo esto se tratará con más calma y detenimiento en un capítulo específico dedicado a las matemáticas en la India.

Preparados para la revolución del cero

La historia del cero es, en gran medida, la historia de cómo diferentes culturas abordaron la idea del vacío. Las matemáticas, lejos de ser un campo aislado de conocimiento, reflejan las prioridades culturales, filosóficas y espirituales de las civilizaciones que las desarrollaron.

La ausencia del cero en culturas como Egipto, Mesopotamia y Grecia no fue un accidente, sino un reflejo de cómo estas civilizaciones entendían el universo y su lugar en él. Para los egipcios, el mundo estaba gobernado por un orden eterno y tangible, representado en sus números jeroglíficos y en las estructuras monumentales que buscaban desafiar el paso del tiempo. La idea del vacío, como algo intangible e impermanente, no tenía cabida en una cultura que valoraba la continuidad y la permanencia por encima de todo.

Mesopotamia, aunque más cercana al concepto del vacío que Egipto, trató el vacío como un marcador funcional en su sistema posicional, pero nunca lo integró como una entidad independiente. Su enfoque práctico reflejaba una cultura que priorizaba la resolución de problemas concretos, como la medición de tierras y la predicción de fenómenos celestes, más que la exploración de abstracciones filosóficas.

En Grecia, la influencia de Aristóteles consolidó un rechazo deliberado del vacío. La noción de un cosmos lleno y ordenado resonaba con su énfasis en la lógica y la observación empírica. Para los griegos, la matemática era un instrumento para describir magnitudes continuas, no para representar lo que no existe. Este enfoque muestra cómo sus prioridades filosóficas —la búsqueda de un cosmos pleno y armonioso— guiaron su desarrollo matemático.

En contraste, la aceptación del vacío por parte de los mayas y, posteriormente, por la India, refleja sistemas de pensamiento más abiertos a la abstracción y la espiritualidad. Para los mayas, el vacío no era ausencia, sino potencialidad, una visión que se integró en su cosmovisión cíclica del tiempo. En la India, esta apertura hacia el vacío como algo fundamental para el universo allanó el camino para la revolución matemática del cero.

Estas diferencias no solo nos hablan de cómo cada cultura abordó las matemáticas, sino también de sus valores más profundos. La ausencia o presencia del cero es un espejo de las prioridades culturales. Lo tangible frente a lo abstracto, la permanencia frente al cambio, la funcionalidad frente a la potencialidad.

Este final de capítulo en realidad es el inicio de todo. Ya estamos preparados para enfrentarnos al cero. La ausencia del cero en algunas culturas y su aceptación en otras nos muestra cómo las ideas abstractas no surgen en un vacío cultural. Son el producto de sistemas de valores, prioridades y formas de entender el universo. Las civilizaciones sin vacío aportaron herramientas prácticas y formas innovadoras de resolver problemas, mientras que la India llevó estas ideas al siguiente nivel al abrazar el vacío como un concepto central.

A medida que avanzamos hacia el capítulo sobre la revolución india del vacío, es importante remarcar que el desarrollo del cero no fue un salto repentino, sino una evolución gradual construida sobre los cimientos de culturas que, aunque lo rechazaron, allanaron el camino para su eventual aceptación.

2

LA SENDA INDIA HACIA EL CERO

L a India, entre los siglos IV y VII d.C., vivió un auge cultural y científico que coincidió con el desarrollo de dinastías poderosas como los Gupta (320-550) y los Vakataka (siglos III-VI). Este periodo, a menudo denominado la Edad de Oro de la India, marcó una transformación profunda en el pensamiento matemático, filosófico y científico del subcontinente. Fue un momento en el que se consolidaron ideas fundamentales que cruzaron las fronteras geográficas, entre ellas el concepto del cero, cuya aceptación y desarrollo estuvieron profundamente arraigados en el contexto cultural y espiritual de la región.

En el plano histórico, los Gupta fueron mecenas de las artes, las ciencias y las matemáticas. Sus reinados vieron florecer a figuras como Aryabhata y Brahmagupta, quienes sentaron las bases de sistemas matemáticos que todavía usamos hoy en día. Las matemáticas de esta época no eran una disciplina aislada, ya que estaban estrechamente vinculadas con la astronomía y el cálculo necesario para elaborar calendarios precisos, esenciales para las prácticas religiosas y agrícolas.

La riqueza cultural y espiritual de la India desempeñó un papel clave en la forma en que se concibió el vacío. A diferencia de otras culturas, donde la nada era vista con desconfianza o como un concepto filosófico abstracto, en la India el vacío encontró un espacio natural en las tradiciones religiosas. El hinduismo, el budismo y el jainismo desarrollaron visiones profundamente filosóficas sobre la nada y su relación con el universo, creando un terreno fértil para la aceptación del cero como una representación matemática.

En el hinduismo, el vacío aparece implícito en la cosmología cíclica, donde el universo se crea y se destruye en ciclos infinitos. Esta visión abarca momentos de disolución total, donde no queda nada salvo el potencial para un nuevo inicio. Este concepto de un vacío creativo, lleno de potencial, se refleja en el término *shunya*, que significa 'vacío' pero también 'plenitud', dependiendo del contexto.

Mientras que en el hinduismo *shunya* puede representar un vacío creativo y potencialmente fértil, en el budismo la noción de *shunyata* enfatiza la interdependencia y la carencia de una existencia propia en todos los fenómenos.

El budismo llevó la idea del vacío a un nivel más abstracto con la doctrina de *shunyata*. En este marco, el vacío no es simplemente la ausencia de materia, sino la esencia fundamental de la existencia. Según las enseñanzas budistas, todas las cosas carecen de una existencia intrínseca, lo que implica que todo está interconectado y depende de causas y condiciones externas. Este enfoque filosófico influyó en la mentalidad matemática al permitir que la nada fuera considerada una entidad en sí misma, con propiedades y reglas propias.

El jainismo, por su parte, desarrolló una concepción avanzada del infinito, distinguiendo entre distintos tipos de infinitud y divisiones espaciales. En sus escrituras, se describe el universo como una entidad infinita compuesta por partes finitas, donde conceptos como el vacío y el infinito coexisten de manera natural. Este marco conceptual allanó el camino para que los matemáticos indios no solo aceptaran el vacío, sino que también adoptaran su utilidad en contextos prácticos y filosóficos.

La interacción entre matemáticas y filosofía en la India fue mucho más que una coincidencia histórica. Las matemáticas, en particular los sistemas numéricos y las geometrías complejas necesarias para los rituales religiosos, estaban profundamente integradas en la vida cotidiana y espiritual. Por ejemplo, los *Sulbasutras*, textos védicos antiguos, contienen instrucciones precisas para construir altares de sacrificio, que requerían cálculos matemáticos avanzados. Aunque estos textos preceden al desarrollo del cero, demuestran cómo las matemáticas evolucionaron de las necesidades culturales y religiosas.

En este contexto, el cero no surgió como un concepto puramente matemático, sino como una extensión de una cosmovisión que ya valoraba el vacío como principio universal. La transición de un concepto abstracto a una representación numérica fue posible porque los sistemas filosóficos de la India ofrecieron un marco que legitimaba la idea del vacío. La aceptación del cero como número y como marcador posicional fue, por tanto, una revolución intelectual que reflejaba una integración única entre filosofía, espiritualidad y ciencia.

El desarrollo del cero en la India no puede entenderse completamente sin considerar esta rica interacción entre cultura y conocimiento. Esto ya lo adelantamos en el capítulo anterior: mientras otras civilizaciones como las de Mesopotamia o Grecia, se mostraron reacias a aceptar el vacío como un concepto matemático válido, la India lo abrazó, convirtiéndolo en una herramienta indispensable para sus matemáticos.

Así, en la India, el vacío dejó de ser un concepto abstracto para convertirse en un elemento esencial del conocimiento humano, un símbolo que trascendía las barreras del tiempo y el espacio. La revolución india del vacío hizo algo más que cambiar la forma en que los seres humanos entienden las

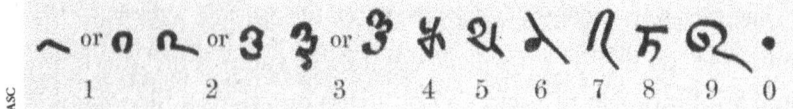

Los números usados en el Manuscrito de Bakhshali.

matemáticas. En concreto transformó el mundo y nuestra propia existencia en un universo donde la nada y el infinito coexisten en armonía.

PENSAR DESDE EL VACÍO: *SHUNYATA* EN LA FILOSOFÍA Y PRÁCTICA BUDISTA

La idea del vacío, conocida como *shunyata* en sánscrito, ocupa un lugar central en el pensamiento budista, tanto en su vertiente filosófica como en la práctica espiritual. Más que un concepto abstracto, *shunyata* es un eje que atraviesa la comprensión de la realidad, el sufrimiento y la liberación. Desde los discursos originales de Siddharta Gautama, conocido como Buda, hasta las elaboraciones sistemáticas de pensadores como Nagarjuna, esta noción ha evolucionado y se ha expandido, dejando una profunda huella en la filosofía, la lógica y, de manera indirecta, en el desarrollo del conocimiento científico y matemático.

En los primeros discursos atribuidos al Buda, como los recopilados en el *Canon Pali*, el vacío aparece como una cualidad esencial de la existencia. Se describe cómo todas las cosas carecen de una esencia intrínseca y dependen de causas y condiciones externas para surgir y cesar. Este principio, conocido como la interdependencia *(pratītyasamutpāda)*, establece que ningún fenómeno puede existir por sí mismo, lo que a su vez implica que todas las percepciones, emociones y pensamientos carecen de una naturaleza fija. En textos como el *Pheṇapiṇḍūpama Sutta*, se usan metáforas como la espuma y las burbujas para describir el carácter efímero y la vacuidad de los agregados que componen al ser humano.

La conexión entre *shunyata* y la idea de «no-yo» (*anatta*) es uno de los pilares del pensamiento budista temprano. Siddharta Gautama enseñó que el apego a una identidad fija o a la ilusión de un «yo» permanente es la causa del sufrimiento. Al comprender que todas las cosas, incluido el ser, son transitorias y vacías de esencia, los practicantes pueden liberarse del apego y avanzar hacia la iluminación. Este enfoque, que redefinió las nociones de identidad y existencia, abrió la puerta a una nueva forma de contemplar el universo como un flujo constante de interacciones y cambios.

Con el desarrollo del budismo Mahayana, *shunyata* adquirió una dimensión aún más profunda y universal. Los *Prajñaparamita Sutras*, textos fundamentales de esta tradición, describen el vacío como una característica inherente de todos los fenómenos, incluidas las propias enseñanzas budistas. Según estos textos, todo lo que existe carece de un núcleo independiente; incluso conceptos como el nirvana o la iluminación son considerados vacíos en su naturaleza última. Esta perspectiva iba en contra de las categorías establecidas de pensamiento y ofreció un marco que cuestionaba tanto el esencialismo como el nihilismo.

Nagarjuna, uno de los filósofos más influyentes del Mahayana, sistematizó estas ideas a través de su escuela Madhyamaka. En su obra más conocida, el *Mūlamadhyamakakārikā*, Nagarjuna argumenta que el vacío no es una ausencia absoluta, sino la ausencia de esencia inherente en todas las cosas. Esta visión, conocida como la «vía del medio», evita los extremos de la existencia absoluta y la no existencia, proponiendo en cambio una realidad interdependiente y dinámica. Según Nagarjuna, comprender el vacío es esencial para superar la ignorancia y alcanzar la liberación. Por otra parte, su lógica dialéctica influyó significativamente en la epistemología y la filosofía de la India, generando debates que se extenderían durante siglos.

Más allá de la teoría, *shunyata* también se manifiesta en la práctica meditativa budista. En textos como el *Cūlasuññata Sutta* se describe cómo los practicantes pueden experimentar el vacío mediante la meditación. Este proceso implica liberar la mente de distracciones y construcciones conceptuales, lo que permite observar la realidad tal como es. Una realidad cambiante, interdependiente y vacía de dualidades. La práctica del vacío conduce a estados avanzados de concentración y de calma, a la par que permite trascender las ilusiones que perpetúan el sufrimiento.

La influencia de *shunyata* no se limita al ámbito espiritual; su impacto puede rastrearse en otras áreas del conocimiento, como la lógica y las matemáticas. La idea de que algo puede existir como una ausencia significativa resonó profundamente con la conceptualización del cero en la India antigua. Este avance, que transformó las matemáticas y el pensamiento científico, refleja cómo las ideas filosóficas pueden trascender sus contextos originales para influir en el progreso humano.

En el budismo tibetano, la noción de *shunyata* dio lugar a elaboraciones aún más complejas, como las distinciones entre los enfoques *rangtong* ('vacío de uno mismo') y *shentong* ('vacío de lo otro'). Estas interpretaciones, desarrolladas por filósofos como Tsongkhapa y Dolpopa, muestran cómo el vacío puede ser comprendido desde perspectivas complementarias, destacando su riqueza conceptual y su relevancia para la práctica.

En última instancia, *shunyata* no es solo un concepto filosófico o un estado meditativo, es una invitación a cuestionar nuestras certezas y explorar la naturaleza fundamental de la realidad. Al reconocer la vacuidad de todas las cosas, el budismo nos alienta a liberarnos del apego, la ignorancia y las divisiones, ofreciendo una visión del mundo que combina profundidad, pragmatismo y una aspiración hacia la paz interior y la sabiduría universal.

EL VACÍO CREADOR: EL HINDUISMO Y SU CONEXIÓN CON EL ORIGEN DEL UNIVERSO Y EL CERO

El hinduismo encuentra en el vacío no una ausencia absoluta, sino una fuerza generadora que estructura la creación, la disolución y el renacimiento de la realidad. Esta percepción, que atraviesa sus textos más antiguos y sus tradiciones filosóficas, no solo influye en su cosmología, sino que además sienta las bases para uno de los desarrollos matemáticos más revolucionarios: el concepto del cero. A través de su literatura sagrada, como los *Puranas* y el *Rigveda*, y de sus tratados filosóficos, el hinduismo trata sobre cómo la nada y el infinito se convierten en pilares de un universo en constante transformación.

En esta cosmología hindú, el universo se concibe como un ciclo eterno de creación y destrucción, dividido en extensos periodos conocidos como *kalpas*. Cada *kalpa*, equivalente a 4320 millones de años, representa un día en la vida de Brahma. Solo pensar en cómo acabarías a las «diez de la noche» de un día así tras la jornada de trabajo quita las ganas de vivir tanto. Brahma es el dios creador que termina en un estado de disolución total llamado *pralaya*. Este vacío no es la simple ausencia de existencia, sino un espacio lleno de potencial donde las semillas de una nueva creación aguardan su manifestación. Este proceso, descrito en textos como la *Bhagavata Purana*, refuerza la idea de que el universo es dinámico y eterno, oscilando entre la manifestación y el retorno a un estado primordial de vacío.

El *Nasadiya Sukta*, también conocido como el *Himno de la Creación*, es uno de los textos védicos más fascinantes que abordan el vacío desde una perspectiva cosmológica. Este himno, incluido en el *Rigveda*, plantea preguntas fundamentales sobre el origen del universo y describe un estado inicial donde «no había ni ser ni no ser». En esta narrativa, el cosmos estaba cubierto por una oscuridad profunda y amorfa, un vacío que, mediante el calor *(tapas)*, dio lugar a la primera manifestación. Sin ofrecer respuestas definitivas, el *Nasadiya Sukta* invita a reflexionar sobre la incapacidad humana, e incluso divina, para comprender plenamente el origen de todo lo existente.

Este enfoque sobre el vacío no se limita a la especulación filosófica o poética, sino que encuentra aplicaciones prácticas en la vida ritual y la arquitectura sagrada. Los *Sulbasutras*, antiguos textos védicos sobre geometría, demuestran cómo la noción de vacío se incorpora al diseño de altares y estructuras rituales. En estas construcciones, los espacios vacíos no son meras ausencias, sino elementos esenciales que garantizan la armonía y el propósito espiritual del espacio. Aunque los *Sulbasutras* preceden al desarrollo explícito del cero, su énfasis en la medición y la definición del vacío influyó en la evolución de la matemática india.

La palabra *shunya*, que posteriormente designaría el cero en las matemáticas indias, tiene raíces profundas en esta visión del vacío. En el hinduismo, *shunya* encapsula la dualidad de la creación y la disolución, reflejando la idea de que el vacío no solo es un punto de partida, sino también un componente esencial del equilibrio cósmico. Este concepto evolucionó de la especulación filosófica a una herramienta práctica en textos como el *Brāhmasphuṭasiddhānta* de Brahmagupta, donde el cero se presenta como un marcador posicional que permite cálculos complejos y redefine la aritmética.

En la filosofía hindú, las escuelas de pensamiento como Vedanta y Samkhya ofrecen interpretaciones complementarias del vacío. El Vedanta lo relaciona con el Brahman, la realidad última que subyace en todo lo existente. Por su parte, el Samkhya describe el vacío como el estado latente de la materia *(prakriti)*, un estado de equilibrio perfecto que precede a la creación. Estas visiones filosóficas refuerzan la idea de que el vacío no es una negación, sino una condición fundamental para el surgimiento de la realidad.

El hinduismo también incorpora el vacío en sus narrativas mitológicas. La metáfora del «huevo cósmico» (*Hiranyagarbha*), presente en el *Rigveda* y los *Puranas*, describe cómo el universo surge de una esfera primordial flotando en el vacío. Este huevo dorado, al romperse, libera las fuerzas creativas que dan forma al cosmos. Esta imagen no solo simboliza la conexión entre el vacío y la creación, sino que también resuena con los conceptos de equilibrio y potencial latente que encontramos en otras tradiciones filosóficas y científicas.

La relación entre el vacío y el infinito es otro tema central en la cosmología hindú. Textos como los *Puranas* y la *Bhagavata Purana* describen un universo que se manifiesta y se desvanece en ciclos interminables, reflejando un equilibrio dinámico entre el todo y la nada. Esta visión resuena con los conceptos matemáticos de infinito y continuidad, anticipando las sofisticadas ideas que los matemáticos indios desarrollaron siglos después.

En última instancia, el hinduismo da un salto. No solo integra el vacío en su cosmología, sino que lo convierte en un principio activo que conecta la espiritualidad, la filosofía y la práctica científica. Al concebir el vacío como un espacio pleno de posibilidades, esta tradición sentó las bases para avances matemáticos que revolucionaron la forma en que entendemos y medimos el mundo. El cero, nacido de esta rica interacción entre lo abstracto y lo práctico, lograría trascender sus orígenes culturales para influir en la humanidad entera.

El jainismo y el vacío: el infinito como núcleo de una cosmología y matemática revolucionarias

El jainismo, con su visión única del universo como un sistema eterno e infinito, presentó una conceptualización del vacío y el infinito que integraba filosofía, ética y matemáticas en un marco cohesivo. Este sistema de pensamiento, plasmado en textos como el *Tattvartha Sutra*, redefine el vacío *(akasha)* como un espacio indispensable para la existencia y la interacción de las almas *(jiva)*, la materia *(ajiva)* y el tiempo. En esta visión, el vacío no es un estado pasivo, sino un componente activo que da soporte a todo lo existente, desde las dimensiones físicas del universo hasta los ciclos del karma y la liberación espiritual.

La cosmología jainista detalla un universo dividido en tres regiones: los cielos, el mundo medio y los infiernos, todas contenidas en un marco espacial eterno. Esta estructura, que refleja un entendimiento profundo del espacio, tiene la ventaja de abordar el tiempo como una entidad infinita y cíclica. Los ciclos de ascenso y descenso del tiempo (*utsarpiṇī y avasarpiṇī*) ilustran cómo el jainismo conceptualiza la eternidad sin principio ni fin, un enfoque que rechaza la idea de un creador divino y en su lugar resalta las leyes naturales y el karma como motores de la existencia.

Desde una perspectiva matemática, los jainistas destacaron por su habilidad para transformar conceptos filosóficos en herramientas prácticas. Clasificaron los números en tres categorías principales: numerables, es decir, aquellos que pueden contarse o enumerarse; innumerables, aquellos tan grandes que superan cualquier intento razonable de contarlos, pero que aún no son infinitos; e infinitos, que no tienen límite alguno. Pero su clasificación no se detuvo ahí, pues añadieron cinco subtipos de infinitos. Entre ellos el infinito unidireccional (una magnitud que se extiende sin fin en una sola dirección) y el infinito en área (una extensión ilimitada en superficie), conceptos que, con matices, anticipan ideas que más tarde resonarían en la matemática moderna. Esta fascinación por las magnitudes gigantescas no solo contribuyó a la teoría de números, sino que también se aplicó a problemas de geometría y combinatoria, como el diseño del triángulo de Pascal (denominado *Meru Prastara* en los textos jainistas), mucho antes de que se documentara en Europa. Se trata de una disposición numérica en forma triangular donde cada número es la suma de los dos que tiene justo encima, y que permite calcular combinaciones y patrones con sorprendente elegancia.

La influencia del jainismo en las matemáticas también se aprecia en su integración del concepto de vacío como base para cálculos avanzados. La palabra *shunya*, utilizada inicialmente para denotar vacío filosófico, evolucionó hasta convertirse en el símbolo del cero, una innovación que revolucionó la aritmética y el álgebra en la India antigua. Este desarrollo no solo facilitó cálculos más precisos, sino que también abrió el camino para entender los números negativos y el infinito como partes esenciales de los sistemas matemáticos.

En la práctica, los matemáticos jainistas exploraron permutaciones, combinaciones y fracciones, integrando la idea del vacío en estos cálculos. Estas innovaciones mostraron una notable sofisticación técnica, pero también subrayaron cómo el jainismo veía el vacío no como un vacío estático, sino como una categoría fundamental para comprender tanto el universo físico como las complejidades de la existencia humana. Esta perspectiva dual, que combina lo metafísico y lo matemático, sigue siendo un legado profundo de esta tradición milenaria.

Cuando el vacío se hizo sagrado: el sijismo y otras búsquedas espirituales

El sijismo, surgido en el siglo xv bajo la guía de Guru Nanak, representa una tradición espiritual que, aunque posterior al desarrollo del cero, perpetúa y transforma la reflexión india sobre el vacío y su lugar en el cosmos. La doctrina fundamental del sijismo, expresada en el *Ik Onkar* (la unicidad del creador), enfatiza una visión panenteísta en la que Dios no solo trasciende el universo, sino que también reside en todas las cosas. En este sentido, el vacío, lejos de ser una ausencia, se convierte en un espacio saturado de potencialidad divina, una metáfora del equilibrio entre lo eterno y lo material.

El *Guru Granth Sahib*, el texto sagrado del sijismo, trata la naturaleza de la realidad y la interconexión de todos los seres. En varias de sus composiciones poéticas, se alude a la idea de «maya», una ilusión transitoria que oscurece la percepción del único ser eterno. Este enfoque sobre la transitoriedad y la unidad resuena con las nociones hindúes y budistas del vacío, adaptándolas a una visión monoteísta que subraya la necesidad de trascender el ego para percibir la realidad última.

En el plano filosófico, el sijismo rechaza las divisiones entre lo mundano y lo sagrado, viendo en el vacío un espacio donde convergen lo espiritual y lo secular. Esto es evidente en la doctrina de *Miri-Piri*, introducida por Guru Hargobind, que equilibra el poder temporal y espiritual como aspectos inseparables de la existencia humana. Aunque esta idea se centra en la acción ética y la justicia social, guarda paralelismos con las concepciones del vacío como espacio de potencial dinámico en tradiciones anteriores.

En términos simbólicos, el vacío también se refleja en el uso del *Ik Onkar* como emblema central del sijismo, una representación gráfica y filosófica de la unicidad en la diversidad. Esta conexión entre lo conceptual y lo visual subraya cómo el sijismo continúa y transforma la rica herencia india de reflexionar sobre la nada como principio creativo.

Finalmente, aunque el sijismo no influyó directamente en la matemática del cero, su enfoque sobre la unicidad y la conexión universal complementa la narrativa más amplia de cómo las tradiciones de la India han enriquecido la comprensión humana de lo infinito, lo transitorio y lo fundamental. Este legado compartido evidencia que el vacío, en todas sus interpretaciones, sigue siendo un puente entre las culturas y las eras.

EL SISTEMA NUMÉRICO POSICIONAL Y EL USO DEL CERO

El sistema numérico posicional desarrollado en la India fue una revolución que cambió para siempre la forma en que los números eran comprendidos, escritos y utilizados. Su característica más notable fue la introducción del cero como marcador posicional, un concepto que otorgó al vacío una representación tangible y operativa en los cálculos matemáticos. Hay que tener en cuenta que este avance no solo simplificó las operaciones, sino que también permitió trabajar con números de cualquier magnitud de manera eficiente.

En los sistemas no posicionales anteriores, como el romano, los números grandes requerían símbolos adicionales y no existía una forma de representar fácilmente la ausencia de un valor. Por el contrario, en el sistema decimal indio, cada cifra representaba una potencia de diez dependiendo de su posición, con el cero marcando la ausencia de un valor en esa posición. Por ejemplo, el número 1204 se descompone así:

$$1024 = 1 \cdot 10^3 + 2 \cdot 10^2 + 0 \cdot 10^1 + 4 \cdot 10^0$$

Esta simple pero poderosa estructura redujo la complejidad de los cálculos, al facilitar la representación y manipulación de números.

EL MANUSCRITO DE BAKHSHALI Y EL PUNTO DEL VACÍO: UN TESTIMONIO DEL INGENIO MATEMÁTICO INDIO

El sistema numérico posicional desarrollado en la India fue una revolución silenciosa que cambió para siempre la forma en que los números eran comprendidos, escritos y utilizados. Su característica más notable fue la introducción del cero como marcador posicional, un concepto que otorgó al vacío una representación tangible y operativa en los cálculos matemáticos. Esta innovación no solo simplificó las operaciones, sino que también permitió trabajar con números de cualquier magnitud de manera eficiente.

Un testimonio excepcional de este avance es el Manuscrito de Bakhshali, descubierto en 1881 cerca de Peshawar y escrito sobre corteza de abedul en caracteres Sharada. Esta recopilación práctica de problemas matemáticos, diseñada tanto como manual técnico como recurso educativo, es uno de los textos más antiguos de la India relacionados con el cálculo y el álgebra. Aunque su datación es objeto de debate —con estimaciones que oscilan entre el siglo III y el siglo XI—, lo que no se discute es su enorme valor como fuente primaria del pensamiento matemático indio.

El manuscrito aborda una sorprendente variedad de temas, desde ecuaciones lineales y cuadráticas hasta progresiones aritméticas y geométricas, raíces cuadradas y fracciones. Cada regla matemática aparece primero en verso, y luego se explican con detalle mediante ejemplos en prosa, un formato que revela una fuerte vocación pedagógica y una obsesión por la precisión. La claridad con la que se abordan los problemas refleja el refinamiento intelectual de los autores y su compromiso con la aplicabilidad del conocimiento.

Uno de los aspectos más notables del texto es, como hemos dicho antes, su uso temprano del cero como marcador posicional, representado con un punto llamado *shunya-bindu*, literalmente 'el punto del vacío'. Este símbolo permitía distinguir con exactitud entre cifras como 13, 103 y 1003, algo esencial en un sistema decimal. Por ejemplo, al escribir 3 y 7 juntos, se obtenía 37; pero si se insertaba un punto entre ellos (3 . 7), el número resultante era 307. Esta precisión posicional resultaba clave para los cálculos a gran escala.

Además, el Manuscrito de Bakhshali introduce un método iterativo para calcular raíces cuadradas, que anticipa técnicas modernas como el algoritmo de Newton. Aunque el texto no presenta la fórmula explícitamente, sus pasos permiten reconstruirla como:

$$x_{n+1} = \frac{x_n + \frac{N}{x_n}}{2}$$

En esta expresión, x_n es una aproximación inicial para la raíz cuadrada de N. Esta fórmula muestra cómo los matemáticos indios ya trabajaban con métodos refinados de aproximación que hoy asociamos con la computación moderna.

El manuscrito también trata ecuaciones lineales con múltiples incógnitas aplicadas a contextos reales, como el comercio y la administración. En él, los números negativos se utilizan para representar deudas, lo que demuestra no solo una madurez teórica, sino una clara orientación hacia problemas prácticos. La capacidad de usar el cero como punto de partida, límite o separación se convierte así en una herramienta para organizar el mundo.

La transmisión de estos conocimientos no se detuvo en la India. A través de rutas comerciales y traducciones al árabe, las ideas contenidas en el Manuscrito de Bakhshali circularon por el mundo islámico y más tarde llegaron a Europa, donde jugaron un papel decisivo en el desarrollo de la aritmética y el álgebra modernas. El punto del vacío, nacido en un texto manuscrito en corteza de árbol, acabaría siendo uno de los motores invisibles de la ciencia contemporáneawa.

EL *BRĀHMASPHUṬASIDDHĀNTA* DE BRAHMAGUPTA: INNOVACIONES MATEMÁTICAS Y EL PAPEL DEL CERO

El *Brāhmasphuṭasiddhānta*, escrito por Brahmagupta en el año 628 d. C., es una de las obras más influyentes en la historia de las matemáticas. Este texto consolidó el uso del cero como número y estableció reglas fundamentales para las operaciones aritméticas y algebraicas, sentando las bases para desarrollos posteriores tanto en la India como en otras culturas. Brahmagupta no fue simplemente un matemático; fue un visionario que logró integrar conceptos abstractos en aplicaciones prácticas, dejando un legado que transformó la aritmética y el álgebra.

Brahmagupta fue el primero en formalizar operaciones con el cero y los números negativos en su obra. En el capítulo titulado *Ganita*, definió el cero como el resultado de restar un número consigo mismo, un concepto radicalmente innovador en su tiempo. También estableció reglas para operar con el cero. Son conocidas por todos desde nuestra más tierna infancia:

- La suma de un número y el cero es el número mismo:
$$a + 0 = a$$

- La resta de un número y el cero también da como resultado el número mismo:
$$a - 0 = a$$

- El producto de un número y el cero es siempre cero:
$$a \cdot 0 = 0$$

Sin embargo, su regla para la división por cero —incorrecta según los estándares modernos— fue un primer intento significativo de abordar este problema. Brahmagupta declaró que cualquier número dividido por cero daba como resultado cero, lo que generó debates entre matemáticos posteriores. Aunque errónea, esta regla muestra su voluntad de explorar los límites del conocimiento matemático.

Además de trabajar con el cero, Brahmagupta desarrolló un marco teórico para los números negativos. Introdujo reglas que permitían operar con estos números de manera consistente, como:

- Un número positivo menos un número negativo se suman:
$$a - (-b) = a + b$$

- El producto de dos números negativos es positivo:
$$(-a) \cdot (-b) = ab$$

En el *Brāhmasphuṭasiddhānta*, Brahmagupta ofrece una solución general para las ecuaciones lineales, estableciendo un método que sigue siendo fundamental en álgebra. En el capítulo 18 de su obra, describe una ecuación lineal como:

$$bx + c = dx + e$$

donde b, c, d y e son constantes, y x es la incógnita. Brahmagupta explica cómo despejar la variable x al reorganizar la ecuación:

$$x = \frac{e - c}{b - d}$$

En sus propias palabras, citadas del texto: «La diferencia entre rupas, cuando se invierte y se divide por la diferencia de las incógnitas, es la incógnita en la ecuación».

Aquí, el término *rupas* hace referencia a las constantes c y e, mientras que b y d son los coeficientes de la incógnita x. Esta explicación, notable por su claridad, muestra cómo los matemáticos indios desarrollaron una notación y terminología algebraica propias, diferentes pero efectivas, que anticipaban la lógica de las soluciones modernas.

Brahmagupta también abordó las ecuaciones cuadráticas con un enfoque innovador que marcó un hito en la historia del álgebra. En su obra *Brāhmasphuṭasiddhānta*, propuso un método para resolver ecuaciones de la forma:

$$ax^2 + bx = c$$

Este método, descrito en versos poéticos, establece pasos claros para encontrar las raíces, basándose en una combinación de raíces cuadradas y operaciones algebraicas. Traducido del sánscrito, Brahmagupta escribió (traducido e interpretado en términos modernos):

> Disminuir por el número medio la raíz cuadrada de las rupas multiplicada por cuatro veces el cuadrado y aumentada por el cuadrado del número medio; divide el resto por el doble del cuadrado.

Interpretando sus instrucciones, este método se aproxima al siguiente proceso algebraico:

1. Calcular el discriminante de la ecuación, que en términos modernos sería: $b^2 - 4ac$

2. Determinar las raíces utilizando una fórmula que, aunque no se presenta explícitamente como la moderna, sigue una lógica similar para obtener soluciones positivas y negativas.

En términos algebraicos, esto podría representarse como:

$$x = \frac{-b \pm \sqrt{b^2 - 4ac}}{2a}$$

No obstante, es importante recalcar que esta fórmula moderna no aparece directamente en los textos de Brahmagupta, sino que es una reconstrucción posterior basada en sus métodos.

En otro pasaje, Brahmagupta menciona:

> Cualquiera que sea la raíz cuadrada de las rupas multiplicada por el cuadrado e incrementada por el cuadrado de la mitad de lo desconocido, disminuye eso por la mitad de lo desconocido y divide el resto por su cuadrado. El resultado es lo desconocido.

Este verso sugiere un enfoque más geométrico para interpretar las soluciones, utilizando fracciones y proporciones como herramientas para resolver problemas prácticos, como calcular dimensiones de áreas y volúmenes.

BHASKARA I: EL VISIONARIO QUE CONSOLIDÓ EL SISTEMA DECIMAL Y EL USO DEL CERO

Bhaskara I, matemático y astrónomo del siglo VII, es reconocido como uno de los pioneros en la consolidación del sistema decimal posicional y el uso sistemático del cero en contextos científicos. Aunque no inventó este sistema, fue el primero en describirlo explícitamente en un texto científico, integrándolo con rigor en sus cálculos matemáticos y astronómicos. Su obra marcó una transición crucial hacia una notación clara y funcional que transformó la manera en que se entendían y utilizaban los números.

El sistema decimal posicional de Bhaskara I, basado en los numerales brahmi, incorporaba un pequeño círculo para representar el cero, una innovación fundamental que permitía diferenciar entre magnitudes con gran precisión. En su trabajo, explicaba números como 3251 en términos de potencias de diez:

$$3251 = 3{\cdot}10^3 + 2{\cdot}10^2 + 5{\cdot}10^1 + 1{\cdot}10^0$$

Esta representación, que a primera vista puede parecer técnica, reflejaba una visión más profunda: la inclusión del vacío como un componente esencial en la estructura del universo matemático. Bhaskara describía esta estructura de forma sistemática, señalando cómo el cero permitía simplificar cálculos complejos y manejar cifras de gran magnitud, algo impensable en los sistemas anteriores.

Además, Bhaskara I destacó por su contribución a la trigonometría, en particular con su fórmula de aproximación del seno. En su obra *Mahabhaskariya*, escribió:

$$\operatorname{sen}(x) \approx \frac{4x(180 - x)}{40500 - x(180 - x)}$$

Esta fórmula, que alcanzaba una precisión notable para su época, con un error relativo máximo del 1,9 %, era utilizada en cálculos astronómicos avanzados, como la predicción de eclipses y la medición de posiciones planetarias. Ejemplos de su uso muestran cómo Bhaskara I conectó conceptos matemáticos abstractos con aplicaciones prácticas que eran esenciales para la astronomía de su tiempo. Para que nos hagamos una idea de la precisión veamos dos ejemplos:

- Para x=30° el resultado es 0,499, muy cercano al valor real de 0,5.

- Para x=45°, la fórmula produce 0,70588, mientras que el valor real es 0,7071.

Su legado no solo influyó en matemáticos posteriores, sino que también viajó a lo largo de los siglos. En 1979, la Organización India de Investigación Espacial (ISRO) lanzó el satélite Bhaskara I en su honor, como tributo a su impacto duradero en la ciencia y la tecnología.

Bhaskara II: el genio que refinó el álgebra y la trigonometría

Bhaskara II, conocido también como Bhaskaracharya (1114-1185 d. C.), es reconocido como uno de los matemáticos más influyentes de la India clásica. Su obra monumental *Siddhanta Shiromani* (*La corona de los tratados*) representa la cúspide del conocimiento matemático y astronómico de su época, consolidando siglos de avances y sentando las bases para influir en culturas más allá de la India. Dividida en cuatro secciones — *Lilavati* (aritmética), *Bijaganita* (álgebra), *Grahaganita* (astronomía matemática) y *Goladhyaya* (trigonometría esférica)—, esta obra sintetizó la relación entre teoría y práctica, y refinó el uso del sistema decimal y el cero.

En el *Lilavati*, Bhaskara II presentó problemas algebraicos y geométricos en un formato accesible y didáctico. Entre los temas abordados se encuentran las fracciones, las series aritméticas y la resolución de ecuaciones. Retomó y perfeccionó los métodos de Brahmagupta para resolver ecuaciones cuadráticas, como aquellas de la forma:

$$ax^2 + bx + c = 0$$

Aunque la fórmula moderna no aparece explícitamente en su obra, Bhaskara II amplió las aplicaciones de estas soluciones en problemas prácticos, como el cálculo de áreas y volúmenes. Su enfoque mostraba cómo el cero podía ser utilizado no solo como marcador posicional, sino también como una herramienta algebraica para definir raíces y extremos en funciones matemáticas, integrándolo de manera natural en cálculos avanzados.

En el *Bijaganita*, Bhaskara II llevó el álgebra a un nivel más avanzado, trabajando con ecuaciones cúbicas e indeterminadas. Su habilidad para resolver ecuaciones diofánticas destacó por su precisión y enfoque sistemático. También estableció la importancia del cero en operaciones algebraicas complejas, consolidando reglas básicas ya vistas, como: $a+0=a$ y $a-0=a$.

Por otra parte, abordó la división por cero, declarando que esta operación carecía de sentido matemático, una afirmación que anticipaba desarrollos posteriores en álgebra.

Bhaskara II también destacó por sus contribuciones a la trigonometría. Refinó las tablas de senos y cosenos, utilizando relaciones trigonométricas como:

$$\operatorname{sen}^2(x) + \cos^2(x) = 1$$

El objetivo era mejorar la precisión en cálculos astronómicos, como la predicción de eclipses y las mediciones de distancias. Su enfoque práctico integraba estas herramientas matemáticas en problemas reales, como la medición de sombras proyectadas por objetos celestes, donde la trigonometría y el sistema decimal posicional resultaban esenciales para obtener cálculos precisos.

Uno de los aspectos más innovadores de su trabajo fue su introducción al cálculo temprano. Bhaskara II exploró el concepto de velocidad instantánea, conocido como *tatkalika gati*, y reconoció que la velocidad de un objeto no era constante, sino que variaba con el tiempo y la posición. Aunque no formalizó un marco completo para el cálculo diferencial, sus ideas anticiparon principios que serían fundamentales en siglos posteriores.

El impacto de Bhaskara II traspasó las fronteras de la India. Sus obras fueron traducidas al árabe, influyendo en matemáticos islámicos como Al-Juarismi y Omar Khayyam. Estas traducciones llevaron sus ideas a Europa, donde jugaron un papel importante en el desarrollo del álgebra y el cálculo moderno.

APLICACIONES PRÁCTICAS EN ASTRONOMÍA Y CONSTRUCCIÓN

Las matemáticas indias jugaron un papel crucial en el desarrollo de herramientas para la astronomía y la construcción, demostrando cómo los conceptos abstractos podían aplicarse directamente a problemas prácticos. Desde la predicción de eclipses hasta la creación de altares geométricamente perfectos, los matemáticos de la India antigua combinaron rigor teórico y utilidad práctica, dejando un legado que sigue fascinando por su precisión y creatividad.

En astronomía, los avances matemáticos indios permitieron predecir eclipses solares y lunares con una exactitud sorprendente para su época. Aryabhata, en su obra *Aryabhatiya* (499 d. C.), utilizó relaciones trigonométricas para calcular las posiciones de los astros, las fases de la Luna y la duración de los eclipses. Por ejemplo, al calcular la sombra de la Tierra durante un eclipse lunar, combinaba proporciones geométricas con tablas de senos para modelar la trayectoria y la duración del evento. Estas predicciones dependían del uso del sistema decimal y herramientas trigonométricas como las tablas que él mismo desarrolló.

Bhaskara II continuó este legado en el siglo XII, refinando estas tablas trigonométricas y utilizándolas para medir la longitud de las sombras proyectadas por objetos celestes. Esto no solo era útil para predecir eclipses, sino también para resolver problemas relacionados con la navegación y la medición de distancias en la Tierra. Su capacidad para relacionar ángulos de elevación y proyecciones se convirtió en una herramienta esencial en la astronomía práctica.

En el ámbito de la construcción, los *Sulbasutras* ofrecieron reglas geométricas detalladas para diseñar altares y otras estructuras rituales. Estos textos describían cómo utilizar triángulos rectángulos y proporciones para garantizar la simetría y la precisión en las construcciones. Un ejemplo notable es el uso del triángulo con lados de 3:4:5, que permitía verificar la perpendicularidad en las esquinas de las estructuras. Este conocimiento geométrico tenía algo más que un propósito práctico. Se trata de un enfoque espiritual, ya que los altares debían cumplir con requisitos cosmológicos y religiosos.

Otro ejemplo fascinante de los *Sulbasutras* es la construcción de altares en formas específicas, como el halcón o el círculo, que requerían cálculos precisos para dividir superficies y mantener proporciones exactas. Los textos ofrecían instrucciones para dividir áreas utilizando cuerdas, anticipando métodos que serían la base de las herramientas topográficas modernas. Estas construcciones eran consideradas ofrendas sagradas, y su precisión reflejaba una conexión simbólica entre el orden matemático y el orden cósmico.

LA REVOLUCIÓN MATEMÁTICA QUE CONECTÓ CONTINENTES

Lo hemos venido diciendo a lo largo de todo el capítulo: el impacto de las matemáticas indias se extiende mucho más allá de sus fronteras y ha dejado una huella profunda en la historia del conocimiento humano. Sus contribuciones transformaron la manera en que se comprendían los números y los cálculos, pero también conectaron civilizaciones, marcando el comienzo de una red de transmisión cultural y científica que atravesó continentes.

A través de rutas comerciales y centros de traducción como la Casa de la Sabiduría en Bagdad, las ideas matemáticas indias se integraron en el mundo islámico. Estas ideas, adaptadas y ampliadas, se convirtieron en el pilar de un pensamiento matemático que influyó en diversas áreas, desde la astronomía hasta el comercio. Es evidente que la adopción del sistema decimal simplificó los cálculos, pero es que hay más: permitió una representación más clara de magnitudes y proporciones, lo que facilitó a su vez el avance de disciplinas técnicas y científicas.

Durante la Edad Media, este legado cruzó al mundo europeo a través de traducciones al latín. El sistema numérico decimal, que en la India había revolucionado las matemáticas, sustituyó a sistemas menos eficaces como el romano, transformando el cálculo y permitiendo el desarrollo de herramientas como los algoritmos. Uno de los principales impulsores de esta transición fue Leonardo de Pisa, conocido como Fibonacci, quien en su obra *Liber Abaci* (1202) promovió el uso de la numeración indo-arábiga en Europa. Su trabajo destacó, precisamente, las ventajas del sistema decimal posicional y del uso del cero. Esta revolución aritmética marcó el comienzo de la modernidad matemática en Europa e impulsó descubrimientos y aplicaciones prácticas en navegación, arquitectura y física.

Más allá de los números, las matemáticas indias ofrecieron un enfoque integrado y pragmático que influyó en cómo otras culturas percibían la relación entre las matemáticas y el mundo. Métodos geométricos, como los descritos en los *Sulbasutras*, y técnicas trigonométricas, adaptadas posteriormente por astrónomos islámicos y europeos, proporcionaron herramientas esenciales para explorar y modelar el cosmos.

El legado global de las matemáticas indias no reside únicamente en los conceptos transmitidos, sino en su capacidad para inspirar. Desde su visión del cero como principio fundamental hasta su enfoque práctico en problemas cotidianos, estas ideas evidencian cómo el conocimiento puede conectar épocas y culturas.

Pónganse los cinturones y apaguen sus dispositivos: ¡el cero ha despegado!

3

EL VACÍO RECHAZADO EN LA GRECIA ANTIGUA

Hagamos un inciso antes de darle continuidad al viaje del cero que partió desde la India. La Grecia antigua cimentó los pilares del pensamiento racional y la demostración lógica, pero en su construcción del conocimiento hubo una ausencia notable: el vacío. Mientras otras civilizaciones empezaban a aproximarse a la noción del cero, los griegos lo rechazaron con argumentos filosóficos, físicos y matemáticos. No era una cuestión de ignorancia, sino de convicción, puesto que la idea de la nada absoluta les resultaba inaceptable.

Para los matemáticos griegos, el número era una entidad ligada a la magnitud y la medida, conceptos que no admitían la existencia de un valor vacío. En su universo, todo estaba lleno de sustancia y orden, regido por proporciones geométricas. La noción de un espacio sin contenido rompía con la estructura armoniosa que veían en la naturaleza. Este pensamiento quedó reflejado en el rechazo de los pitagóricos a los números irracionales y en el sistema deductivo de Euclides, que evitaba cualquier referencia a un cero implícito en sus construcciones.

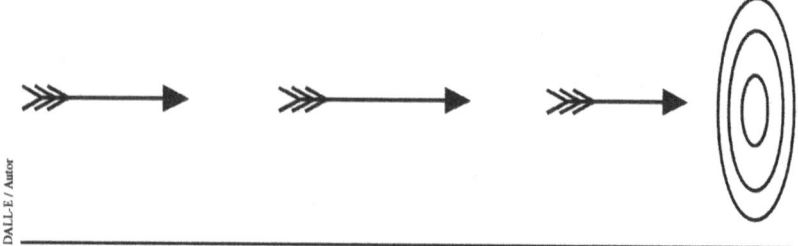

Representación simbólica de la flecha de Zenón, uno de los iconos históricos de sus paradojas.

Pero el rechazo del vacío no se limitó al contexto de las matemáticas. En la física, Aristóteles estableció el principio que acabaría derivando en el concepto de *horror vacui*: la naturaleza aborrecía el vacío y lo llenaba de inmediato con materia. Su cosmología reforzó la idea de un universo continuo, sin huecos ni interrupciones. Esta visión influyó durante siglos en la forma en que Occidente entendió el movimiento y la estructura del espacio.

Curiosamente, el rechazo del vacío contrastaba con ciertas intuiciones filosóficas que apuntaban en la dirección opuesta. Las paradojas de Zenón de Elea, por ejemplo, ponían en duda la noción de continuidad e insinuaban la posibilidad de divisiones infinitas en el espacio y el tiempo. Sin embargo, lejos de servir como una vía para aceptar el cero, estos razonamientos se convirtieron en una prueba más de los peligros conceptuales de admitir la nada como parte del pensamiento matemático.

¿Por qué una civilización tan obsesionada con la razón rechazó un concepto que resultaría fundamental en la historia de las matemáticas? Su tradición intelectual, profundamente arraigada en la geometría y la lógica aristotélica, estableció barreras difíciles de superar. Este vacío conceptual no fue una simple omisión, pues se trataba de una decisión con consecuencias de largo alcance. Sin un símbolo que representara la nada, las matemáticas griegas quedaron atrapadas en un sistema que, aunque poderoso, tenía límites que otras culturas lograron trascender.

Aristóteles y el *horror vacui*

Para Aristóteles, el cosmos era una estructura ordenada y sin fisuras, una continuidad ininterrumpida de sustancia en la que cada cosa tenía su lugar y propósito. En esta concepción del mundo, el vacío no solo era innecesario, sino imposible. El universo estaba compuesto por materia en movimiento, organizada de acuerdo con principios naturales y teleológicos. Nada existía sin una causa ni sin una relación con el conjunto del orden cósmico.

La influencia de Platón en esta visión fue significativa. En su modelo del cosmos, descrito en el *Timeo*, el mundo se asemejaba a una esfera perfecta, con cada elemento y cuerpo celestial encajando en un diseño armonioso. Aristóteles heredó esta idea de perfección y la llevó un paso más allá: si el universo estaba en equilibrio, no podía haber vacíos ni discontinuidades. La plenitud del cosmos respondía a una lógica de estabilidad en la que todo debía estar lleno de materia, sin espacios carentes de contenido.

Sin embargo, no todos los pensadores griegos compartieron esta idea. Los atomistas, encabezados por Leucipo y Demócrito, argumentaban lo contrario. En su caso, el vacío era una condición necesaria para el movimiento de los átomos. Según ellos, la realidad estaba compuesta por partículas indivisibles que se desplazaban a través de un espacio vacío, permitiendo la diversidad de formas y estructuras en la naturaleza. Para Aristóteles, esta propuesta resultaba inaceptable. No podía concebir que el ser y el no ser coexistieran, ni que algo pudiera moverse sin la intermediación de un medio continuo.

Representación del retrato de Aristóteles, en base a las creaciones
pictóricas existentes.

Esta discrepancia entre la visión aristotélica y la atomista marcó
una diferencia fundamental en la historia de la física y la filosofía
natural. Mientras que los atomistas anticipaban en cierto modo
ideas que más tarde serían recuperadas por la ciencia moderna,
la postura aristotélica dominó el pensamiento occidental durante siglos. Su rechazo del vacío no solo configuró la cosmología medieval, sino que retrasó el desarrollo de conceptos esenciales para la física y las matemáticas posteriores.

LA FORMULACIÓN DEL PRINCIPIO *HORROR VACUI*

En su *Física* (Libro IV), Aristóteles estableció uno de los principios que marcarían el pensamiento occidental durante siglos. Se trata de algo que ya hemos leído anteriormente, es decir, la naturaleza aborrece el vacío. La idea de un espacio sin materia le parecía absurda, pues iba en contra de la organización natural del cosmos. Para él, si un vacío llegara a formarse, la propia naturaleza actuaría de inmediato para llenarlo con sustancia. Este principio, conocido más tarde como *horror vacui*, se convirtió en un dogma en la física medieval.

Aristóteles basaba su rechazo del vacío en tres argumentos principales. Para él, el movimiento necesitaba un medio que lo hiciera posible, pues sin materia intermedia no habría transmisión del impulso. También consideraba absurdo que un cuerpo en caída libre pudiera alcanzar velocidad infinita, algo que deducía de la relación entre el movimiento y la resistencia del medio. En este punto, aunque sus presupuestos eran erróneos desde el punto de vista físico, su razonamiento tocaba una idea que siglos más tarde se formalizaría con rigor. Estamos haciendo alusión a la existencia de una velocidad límite. En mecánica de fluidos, se llama así a la velocidad constante que un cuerpo alcanza cuando la fuerza de la gravedad se equilibra con la resistencia del medio. Aristóteles no disponía de un modelo matemático para describir este equilibrio, pero su negativa a aceptar aceleraciones indefinidas se alinea, con notable intuición, con la idea de que el medio impone un techo natural al movimiento.

Por último, Aristóteles rechazaba la idea de un espacio vacío, ya que concebía el lugar como una propiedad de los cuerpos y no como una entidad independiente. Veamos cada argumento por separado.

Primero, sostenía que todo movimiento requiere un medio a través del cual desplazarse. Sin materia intermedia, no habría forma de transmitir el impulso o la dirección del movimiento. Lo expresa así:

> En cuanto a aquellos que afirman la existencia del vacío como condición necesaria del movimiento, si bien se mira, ocurre más bien lo contrario: que ninguna cosa singular podría moverse si existiera el vacío. Porque así como algunos afirman que la tierra está en reposo por su homogeneidad, así también en el vacío sería inevitable que un cuerpo estuviese en reposo, pues no habría un más o un menos hacia el cual se moviesen las cosas, ya que en el vacío como tal no hay diferencias.

En segundo lugar, afirmaba que la velocidad de un objeto en caída libre dependería del medio en el que se moviera, lo que implicaba que en un vacío absoluto un cuerpo caería a velocidad infinita, una idea que consideraba absurda. Esto se deduce de su análisis del movimiento, donde explica que las diferencias en la resistencia del medio afectan directamente la velocidad de los cuerpos. Según señala el experto E. Hussey, Aristóteles cae aquí en el error de asumir que la velocidad de un cuerpo es inversamente proporcional a la resistencia del medio. De este modo, concluye que en un vacío, al no haber resistencia, la velocidad sería infinita, una idea que él mismo considera absurda, pues implicaría un movimiento sin tiempo:

> Vemos que un mismo peso y cuerpo se desplaza más rápidamente que otro por dos razones: o porque es diferente aquello a través de lo cual pasa (como el pasar a través del agua o la tierra o el aire), o porque el cuerpo que se desplaza difiere de otro por el exceso de peso o ligereza, aunque los otros factores sean los mismos.

Por último, argumentaba que el espacio no podía existir sin los cuerpos que lo ocupaban. Para él, el lugar no era un recipiente abstracto sino una propiedad de los objetos mismos. Sin materia, el concepto de espacio carecía de sentido. Esto lo expresó al describir el lugar como el límite del cuerpo continente, diferenciándolo de la forma y rechazando la idea de un espacio separado de los objetos:

> Porque al ser el continente, puede parecer que el lugar es la forma, ya que los extremos de lo continente y lo contenido son los mismos. Ambos son ciertamente límites, pero no de lo mismo: la forma es el límite de la cosa, mientras que el lugar es el límite del cuerpo continente.

El peso de estos argumentos fue tal que el vacío quedó fuera de la física aristotélica y, con ello, de gran parte del pensamiento científico europeo durante siglos. La noción de un universo lleno, sin huecos ni discontinuidades, pasó a formar parte de la cosmovisión dominante, hasta el punto de que llegó a influir en cómo se concebían el movimiento, la gravedad y la propia estructura del mundo natural.

La doctrina de los cuatro elementos y su relación con el movimiento

El rechazo del vacío en la física aristotélica no fue una cuestión aislada ni una mera especulación filosófica, sino que estuvo profundamente arraigado en un sistema más amplio de pensamiento: la doctrina de los cuatro elementos. Para Aristóteles, toda la materia estaba compuesta por combinaciones de tierra, agua, aire y fuego, cada uno con propiedades y tendencias naturales que determinaban su movimiento. La tierra y el agua tendían a desplazarse hacia abajo, mientras que el aire y el fuego ascendían. No era necesario suponer la existencia de un vacío, ya que el propio medio circundante ofrecía la resistencia y continuidad necesarias para explicar los cambios en la naturaleza.

Bajo esta perspectiva, el vacío no solo era innecesario, sino que contradecía la lógica del cosmos aristotélico, donde todo tenía un lugar y una función definida. Un espacio carente de materia significaba la interrupción de ese orden natural, algo inconcebible dentro de su modelo. En este sentido, la ausencia del cero en la numeración griega no es una casualidad. Si el vacío no tenía cabida en la naturaleza, tampoco tenía un papel dentro de la matemática. La influencia de este pensamiento perduró durante siglos en Occidente, reforzando la resistencia al concepto de un número que representara la nada.

La conexión entre la física aristotélica y la historia del cero es, por tanto, más profunda de lo que parece. No fue hasta que las ideas provenientes de la India y el mundo islámico llegaron a Europa que el cero pudo finalmente integrarse en el pensamiento matemático, un evento que hizo tambalear la herencia aristotélica y transformó el conocimiento numérico para siempre.

MOVIMIENTO Y LUGAR NATURAL: EL UNIVERSO SIN NECESIDAD DE VACÍO

Según Aristóteles, cada uno de los cuatro elementos tenía una tendencia inherente a desplazarse hacia su «lugar natural» dentro del cosmos. La tierra y el agua, considerados elementos pesados, se dirigían hacia el centro del universo, mientras que el aire y el fuego, más ligeros, ascendían hacia las esferas celestes. Esta idea explicaba, por ejemplo, por qué las piedras caían y las llamas se elevaban. También servía para dar cuenta de la estabilidad y estructura del mundo físico. A saber, cada elemento regresaba a su posición adecuada, manteniendo el orden del universo.

El concepto de «lugar natural» implicaba que el movimiento no era algo arbitrario ni requería un agente externo continuo para mantenerse. Un cuerpo solo se movía cuando estaba fuera de su posición adecuada y se detenía al llegar a ella. Este principio era crucial para la física aristotélica, pues eliminaba la necesidad de un espacio vacío. Es decir, no existía un «lugar neutro» donde los objetos flotaran sin propósito, sino un universo lleno donde cada sustancia tenía un destino fijo determinado por su naturaleza.

Aristóteles no se quedó en la Tierra, pues extendió esta idea a los cuerpos celestes, que no estaban formados por los cuatro elementos, sino por un quinto, el *éter*, cuyo «lugar natural» era la esfera perfecta de los cielos. A diferencia de los cuerpos sublunares, los astros no tenían un movimiento lineal de ascenso o descenso, sino circular y eterno, reforzando la idea de un cosmos ordenado, sin rupturas ni vacíos.

Este sistema conceptual consolidó la visión de un universo pleno y autosuficiente, donde el vacío no tenía cabida. Si los cuerpos se movían únicamente por su tendencia natural a ocupar su lugar propio, postular la existencia de un espacio vacío donde pudieran desplazarse libremente carecía de sentido. Como ya hemos adelantado, durante siglos, esta noción fue el fundamento de la física y cosmología occidentales, una realidad que afectó incluso en la resistencia al concepto de cero en matemáticas.

LA RESISTENCIA DEL MEDIO Y LA CAÍDA DE LOS CUERPOS

Aristóteles explicaba la velocidad de caída de los objetos en función de la resistencia del medio en el que se movían. En su esquema, un objeto más pesado caía más rápido porque contenía una mayor proporción del elemento tierra, pero su velocidad también estaba determinada por la densidad del medio. Cuanto más denso fuera el medio, mayor resistencia ofrecería al movimiento. Esta concepción se relaciona con su intuición —comentada anteriormente— de que no puede existir una «aceleración» indefinida, justificada por el hecho de que el medio impone un límite al movimiento. Pero se equivocó en lo más básico.

La idea de que los objetos caen con velocidades diferentes dependiendo de su peso fue una de las nociones aristotélicas que más tardó en ser refutada. Esta concepción perduró hasta el siglo XVII, cuando Galileo demostró que, en ausencia de resistencia del aire, todos los cuerpos caen a la misma velocidad. Una de las demostraciones más impactantes de este principio se produjo siglos después, cuando el astronauta David Scott dejó caer un martillo y una pluma sobre la superficie de la Luna durante la misión Apolo 15. En ausencia de atmósfera, ambos objetos tocaron el suelo al mismo tiempo. Con ese gesto —aparentemente trivial, pero de una elegancia impecable— se sellaba el triunfo de la física moderna sobre la intuición aristotélica.

UN MODELO SIN FUERZAS NI ACELERACIÓN

El modelo aristotélico no incluía los conceptos de fuerza y aceleración tal como los entendemos hoy. En su visión, el movimiento no era el resultado de una interacción entre cuerpos, sino de la tendencia natural de los elementos a ocupar su lugar. Esta ausencia de un marco dinámico impidió el desarrollo de una física matemática capaz de formular ecuaciones de movimiento, lo que contribuyó a que la física griega no evolucionara hacia una mecánica cuantitativa.

Aunque la doctrina de los cuatro elementos fue un modelo influyente en su época, con el tiempo se convirtió en un obstáculo para el avance de la ciencia. La necesidad de un universo continuo y lleno de materia llevó a la exclusión del vacío como posibilidad real, retrasando la formulación de teorías que permitieran entender la naturaleza del movimiento de una manera más precisa.

Una física sin experimentación sobre el vacío

La ausencia del vacío en la cosmología griega tuvo otra consecuencia importante. Los griegos nunca se plantearon experimentos para comprobar sus efectos, un problema con el que tuvo que lidiar la propia historia de la ciencia. Mientras en China se documentaban fenómenos relacionados con la presión del aire y en la India algunos pensadores intuían la posibilidad de un espacio sin materia, en Grecia la continuidad del universo se consideraba un hecho incuestionable.

Esto impidió avances en el estudio de la mecánica y la resistencia de los fluidos, áreas que no se desarrollarían hasta siglos más tarde. Cuando en el Renacimiento se comenzaron a realizar experimentos sobre la presión atmosférica y el vacío, los científicos tuvieron que superar una barrera conceptual que llevaba siglos arraigada en la tradición aristotélica.

El legado matemático griego: geometría, números y la ausencia del cero

Las matemáticas griegas fueron un pilar fundamental del conocimiento antiguo, pero su desarrollo quedó marcado por una limitación conceptual clave: la ausencia del cero y de un sistema de numeración posicional. Mientras que otras culturas, como la babilónica y la india, trabajaban con notaciones numéricas más abstractas, los griegos estructuraron su pensamiento matemático en torno a la geometría. Este enfoque tenía raíces filosóficas profundas. Y es que el mundo debía ser continuo, sin interrupciones ni vacíos, lo que reforzaba la resistencia a cualquier idea de «nada» en los cálculos.

Uno de los aportes más influyentes fue la geometrización del número a través de los *Elementos* de Euclides, una obra que estableció los principios fundamentales de la matemática griega y sentó las bases de la lógica deductiva. Dentro de esta estructura, los números eran concebidos como magnitudes asociadas a segmentos, áreas o volúmenes, lo que impedía representar valores nulos o negativos de manera natural.

A pesar del dominio de la geometría, algunos matemáticos griegos exploraron caminos más aritméticos. Uno de los más destacados fue Diofanto de Alejandría, autor de *Aritmética*, quien introdujo un método simbólico primitivo para resolver ecuaciones. Sus ecuaciones, hoy conocidas como ecuaciones diofánticas, buscaban soluciones enteras a expresiones como: $ax+by=c$.

Sin embargo, sin un concepto de cero ni un sistema de numeración posicional, estos métodos eran limitados y carecían de la flexibilidad que más tarde permitiría el desarrollo del álgebra en el mundo islámico. Diofanto usó símbolos para incógnitas, pero nunca desarrolló una notación algebraica completa ni un método para tratar números negativos o el cero como un valor real.

Uno de los pocos matemáticos griegos que trabajó en una línea más cercana a la aritmética moderna fue Arquímedes, quien combinó geometría con aproximaciones numéricas precisas. Su método de agotamiento fue un precursor del cálculo integral y le permitió estimar con gran exactitud el valor de π.

A pesar de los éxitos geométricos, el rechazo del vacío influyó directamente y de forman negativa en la matemática griega de varias maneras:

- No desarrollaron un sistema numérico posicional, lo que hacía los cálculos más complejos.

- La geometría dominó sobre la aritmética y el álgebra, limitando la capacidad de abstracción matemática.

- Nunca conceptualizaron el cero como número, lo que retrasó la aparición de estructuras algebraicas más avanzadas.

El *HORROR VACUI* EN EL ARTE GRIEGO: EL MIEDO AL VACÍO EN LA ESTÉTICA

El concepto de *horror vacui*, o «miedo al vacío», se manifiesta de manera notable en el arte griego antiguo, especialmente durante el periodo geométrico (siglos IX-VIII a. C.). Los artesanos de esta época decoraban meticulosamente cada centímetro de la superficie de sus cerámicas y otros objetos, evitando cualquier espacio vacío. Esta práctica no solo refleja una preferencia estética, sino también una mentalidad cultural que buscaba llenar el vacío con significado y orden.

Un ejemplo destacado es el ánfora de Dípilon, atribuido al Maestro del Dípilon, una pieza emblemática del estilo geométrico griego. Esta ánfora funeraria de dimensiones monumentales fue hallada en la necrópolis de Dípilon en Atenas y está datada en torno al 750 a. C. Su decoración es una demostración clara de la aversión griega al vacío, puesto que la superficie está completamente recubierta de patrones geométricos como meandros, zigzags y losanges, sin dejar un solo espacio sin llenar. En el friso central, donde se representa la *prótesis*—el lamento ritual por el difunto—, las figuras humanas están esquematizadas siguiendo un orden matemático preciso, reduciendo la representación a una serie de formas geométricas repetitivas. Incluso la disposición de las figuras evita la superposición, asegurando que todas se mantengan visibles, lo que refuerza la sensación de plenitud y orden visual. Esta tendencia a saturar el espacio con elementos decorativos no solo responde a una preferencia estética, sino que también refleja la concepción griega de un cosmos donde el vacío no tenía cabida ni en la naturaleza ni en la expresión artística. El ánfora, como este párrafo, no deja respirar.

Además de las cerámicas, el *horror vacui* se observa en otras manifestaciones artísticas griegas. Por ejemplo, en la orfebrería y en las tallas en marfil, donde los artesanos llenaban las superficies con intrincados diseños y motivos, asegurándose de que no quedara ningún espacio sin decorar. Esta tendencia a la saturación decorativa también se aprecia en la arquitectura, como en los frisos de algunos templos, donde las escenas narrativas se desarrollan sin dejar espacios vacíos, creando una sensación de movimiento continuo y vitalidad.

Es interesante notar que, aunque el término *horror vacui* es de origen latino y se asocia comúnmente con el arte medieval y barroco, su aplicación al arte griego geométrico destaca una preocupación temprana por llenar el espacio vacío. Esta aversión al vacío en el arte griego puede interpretarse como una manifestación visual de una cosmovisión que buscaba imponer orden y significado en el mundo que les rodeaba, reflejando una mentalidad que valoraba la totalidad y la integridad en la representación artística.

EL *HORROR VACUI* EN LA EDAD MEDIA: DE ARISTÓTELES A LA ESCOLÁSTICA

Volvamos a la figura de Aristóteles, después de este parón geométrico-aritmético. El pensamiento aristotélico no solo dominó la Antigüedad, sino que se consolidó como un pilar fundamental en la filosofía medieval. Durante la Edad Media, la idea de que la naturaleza aborrecía el vacío *(horror vacui)* fue absorbida por la escolástica y reforzada dentro de una cosmovisión teológica. En este contexto, el universo no solo era concebido como una totalidad ordenada, sino también como una obra divina sin huecos ni discontinuidades.

La influencia de Aristóteles llegó a la Europa medieval principalmente a través de la traducción y el comentario de sus textos por filósofos islámicos como Avicena y Averroes. Sin embargo, fue en el pensamiento cristiano donde su visión del mundo adquirió una nueva dimensión. La escolástica, encabezada por figuras como santo Tomás de Aquino, no solo adoptó la física aristotélica, sino que la armonizó con la teología cristiana. La existencia de un vacío absoluto era rechazada por razones físicas, metafísicas y religiosas.

Santo Tomás de Aquino, en su *Suma Teológica*, desarrolla la idea de un universo pleno en el que todo tiene su lugar y propósito, una visión que reforzaba la incompatibilidad del vacío dentro del orden divino. Para él, Dios no solo es el creador del universo, sino que también lo llena completamente, asegurando que en la totalidad del ser no haya espacios vacíos o carentes de significado. En este sentido, escribe:

> Así, las cosas colocadas están en un lugar llenándolo; y Dios lo llena todo. Pero no como el cuerpo; pues se dice que el cuerpo llena un lugar en cuanto que no lo puede ocupar otro cuerpo. En cambio, el que Dios esté en algún lugar, no impide que otros estén allí. Precisamente Él llena todos los lugares, porque da ser a todas las cosas colocadas que son las que llenan todos los lugares.

Esta afirmación refuerza la noción de que el universo no tiene huecos ni vacíos, pues todo lo que existe es sostenido por Dios. No se trata solo de una cuestión física, sino de una verdad teológica. ¿Por qué? Porque el vacío absoluto no tiene cabida en un cosmos gobernado por una divinidad omnipresente que da ser a todas las cosas.

La idea del *horror vacui* se convirtió así en un dogma dentro del pensamiento medieval. En las universidades europeas, donde la enseñanza de la física aristotélica estaba estrechamente ligada a la teología, el vacío no solo era considerado una imposibilidad lógica, sino también una contradicción con la perfección del universo. Este pensamiento dominó la ciencia occidental hasta que, en el Renacimiento, comenzaron a surgir las primeras grietas en la concepción aristotélico-escolástica del mundo.

Los 10 metros que lo cambiaron todo: Galileo pone en duda el *horror vacui*

Galileo no necesitó un laboratorio sofisticado ni cálculos abstractos para plantear una de las dudas más trascendentales de la física. Le bastó con observar algo que cualquier fontanero de su tiempo conocía bien: las bombas de succión no podían elevar el agua más allá de una cierta altura. Por más que se intentara, al llegar a unos 10,5 metros, la columna de agua se rompía y no subía más. Era un límite natural muy extendido y conocido.

En *Discorsi e dimostrazioni matematiche intorno a due nuove scienze*, Galileo dejó constancia de este fenómeno a través de una anécdota:

> Observé una cisterna en la que, para extraer el agua, se construyó una bomba, tal vez con la creencia, aunque vana, de que se podría sacar la misma o mayor cantidad de agua con menos esfuerzo que con los cubos ordinarios. Esta bomba tenía su émbolo y válvula en la parte superior, de modo que el agua era elevada por atracción y no por impulso, como en las bombas con el mecanismo en la parte inferior. Mientras la cisterna tenía agua hasta cierta altura, funcionaba abundantemente; pero cuando el nivel descendía más allá de un punto determinado, la bomba dejaba de funcionar. La primera vez que observé este fenómeno, creí que el dispositivo estaba defectuoso; pero al consultar con el maestro que debía repararlo, me dijo que no había ningún defecto, salvo en el agua misma, que al descender demasiado ya no podía ser elevada a tal altura. Y añadió que, ni con bombas ni con ninguna otra máquina que elevara el agua por atracción, era posible hacerla subir ni un ápice más allá de dieciocho braccia (aproximadamente 10,5 metros): ya fueran las bombas anchas o estrechas, esta era la altura máxima determinada.

El fenómeno era innegable, pero Galileo aún lo interpretó dentro del marco del *horror vacui*, creyendo que la naturaleza solo toleraba un vacío parcial hasta cierto punto. El verdadero golpe a esta idea llegaría poco después, cuando Evangelista Torricelli retomó la cuestión y demostró que no era la naturaleza rechazando el vacío, sino el peso del aire sobre nuestras cabezas lo que sostenía la columna de agua.

Galileo había abierto la puerta a un nuevo concepto. Hablamos de la presión atmosférica. Sin darse cuenta, con esos 10 metros de agua, había dejado en evidencia el límite de una idea que había dominado la física durante siglos.

El «cero» de la física estaba a punto de hacer acto de presencia.

TORRICELLI: CÓMO LA PRESIÓN ATMOSFÉRICA DEMOSTRÓ LA EXISTENCIA DEL VACÍO Y ABRIÓ LAS PUERTAS DEL CERO

Si Galileo dejó la cuestión abierta, Evangelista Torricelli fue quien la resolvió. No lo hizo con un razonamiento abstracto, sino con un experimento que, en menos de un metro de altura, derrumbó siglos de certezas.

Discípulo y colaborador de Galileo en sus últimos años, Torricelli heredó de su maestro la curiosidad por los fenómenos de fluidos. Sabía que el agua no subía más de 10,5 metros en una bomba de succión, pero quería saber si el límite se debía a un rechazo de la naturaleza al vacío, como creía Galileo, o si existía otra explicación. Para ello, modificó el problema. En lugar de agua, utilizó mercurio, un líquido 13 veces más denso.

El experimento fue elegante en su sencillez. Llenó un tubo de vidrio con mercurio y lo invirtió sobre un recipiente con el mismo líquido. Al soltarlo, la columna de mercurio descendió y quedó suspendida a una altura aproximada de 76 centímetros. Pero lo verdaderamente revolucionario no fue eso, sino lo que quedó en la parte superior del tubo: un espacio vacío.

Era la primera vez que se producía un vacío controlado en un experimento. Torricelli comprendió que no era la naturaleza evitando el vacío lo que sostenía el mercurio, sino el peso del aire sobre el recipiente. Cuanto más denso era el líquido, menor altura se necesitaba para equilibrar la presión del aire. La explicación era clara: el aire no era una sustancia ligera sin peso, sino un océano invisible que presionaba sobre todo lo que tocaba.

El hallazgo fue tan potente que pronto cruzó los Alpes. Marin Mersenne, figura clave en la divulgación científica de la época, llevó la noticia a Francia en 1645. Allí, Pierre Petit y Blaise Pascal intentaron replicar el experimento. Fue Pascal quien llevó la idea más lejos, comprobando que, al subir una montaña, la columna de mercurio descendía. Es decir, la presión atmosférica disminuía con la altitud.

Torricelli no se involucró en las disputas filosóficas sobre la existencia del vacío. De hecho, optó por guardar silencio, dejando que sus resultados hablaran por sí mismos. Pero su experimento cambió para siempre la física de fluidos y sentó las bases para la invención del barómetro, la primera herramienta capaz de medir la presión atmosférica.

Pero con su pequeño tubo de vidrio y mercurio hizo algo más que desmontar el *horror vacui*. Introdujo una nueva forma de entender el mundo. El aire tenía peso, el vacío podía existir y la naturaleza ya no funcionaba por dogmas, sino por principios medibles y verificables.

El vacío que reveló Torricelli era mucho más que un mero espacio sin materia, pues se había convertido en la verdadera prueba de que la nada podía medirse, manipularse y entenderse. Si la naturaleza admitía el vacío, ¿por qué las matemáticas no iban a aceptar el cero?

El vacío se hace real: de Pascal a Hooke

Torricelli había creado un vacío visible y medible, pero aún quedaban dudas. ¿Era realmente vacío o había algo imperceptible llenando el espacio dejado por el mercurio? Blaise Pascal se propuso resolver esta cuestión con un experimento definitivo. Si el vacío era sostenido por el peso del aire, su efecto debía cambiar con la altitud. En 1648, su cuñado, Florin Périer, llevó un barómetro a la cima del Puy de Dôme, una montaña en Francia. A medida que ascendía, la columna de mercurio descendía. La presión atmosférica no era una constante, sino una fuerza variable que disminuía con la altura. El vacío era real y su existencia estaba ligada a la presencia del aire.

El hallazgo de Pascal dejó claro que el vacío no solo existía, sino que podía medirse. Sin embargo, no fue el único que buscó domesticarlo. En Alemania, Otto von Guericke llevó el vacío más allá del laboratorio y lo convirtió en un espectáculo. Su experimento más famoso, los hemisferios de Magdeburgo, consistió en unir dos semiesferas metálicas y extraer el aire del interior con una bomba de vacío. Lo que siguió asombró a todos: ni con dieciséis caballos tirando en direcciones opuestas pudieron separarlas. No había nada dentro, pero esa «nada» era más fuerte que cualquier esfuerzo mecánico. Por primera vez, el vacío se manifestaba como una fuerza tangible, capaz de desafiar la intuición.

A partir de estos experimentos, el vacío pasó de ser una especulación filosófica a convertirse en una propiedad fundamental de la naturaleza. En Inglaterra, Robert Boyle llevó la investigación al ámbito de los gases y formuló la famosa ley que lleva su nombre: la presión y el volumen de un gas son inversamente proporcionales. A medida que se reducía la cantidad de aire en un recipiente, su presión caía de manera predecible. Esto demostraba que el aire no era solo un fluido sin peso, sino que ejercía una fuerza cuantificable sobre los cuerpos. Con Boyle, el vacío dejó de ser solo una ausencia de materia y se convirtió en un estado físico con leyes propias.

Finalmente, Robert Hooke, uno de los científicos más versátiles del siglo XVII, exploró las aplicaciones del vacío en distintos campos. Construyó dispositivos de vacío para estudiar la propagación del sonido, analizó cómo afectaba la combustión y la vida de los animales, y lo utilizó en sus observaciones con microscopios. Su trabajo mostró que el vacío no era un fenómeno exótico, sino que se trataba un recurso útil para la investigación.

Con Pascal, Guericke, Boyle y Hooke, el vacío dejó de ser una idea debatida para convertirse en una realidad científica. Se había pasado del *horror vacui* aristotélico a un mundo donde el vacío no solo existía, sino que podía medirse, manipularse y usarse como herramienta. Lo que durante siglos había sido una imposibilidad ahora era un hecho innegable. Y lo más importante: se había convertido en una pieza central en la física emergente que culminaría en la obra de Newton.

Newton y la consolidación del vacío en la física moderna

Isaac Newton consolidó el vacío como un elemento fundamental en la física, no solo como ausencia de materia, sino como el escenario donde se desarrollaba el movimiento de los cuerpos. En su obra *Philosophiæ Naturalis Principia Mathematica* (1687), Newton formuló un modelo del universo en el que el espacio era absoluto, independiente de la materia, y el vacío no solo era posible, sino necesario para explicar el movimiento sin fricción ni resistencia. Su ruptura con la física aristotélica fue decisiva. En el universo newtoniano, los cuerpos podían desplazarse sin necesidad de un medio material que los sostuviera o los impulsara.

Antes de Newton, la explicación del movimiento estaba dominada por la idea de que los cuerpos requerían un medio a través del cual trasladarse. Aristóteles había argumentado que el vacío no podía existir porque sin un medio intermedio no habría forma de transmitir el movimiento. Descartes, en el siglo XVII, desarrolló su teoría de los vórtices, proponiendo que todo el espacio estaba lleno de una sustancia sutil que arrastraba a los cuerpos en su movimiento. Newton desmontó esta idea, ya que su mecánica demostraba que un cuerpo en movimiento continuaría moviéndose indefinidamente en línea recta a menos que una fuerza externa actuara sobre él. El vacío ya no era un problema filosófico, sino una condición física fundamental.

En su modelo del universo, Newton distinguió entre espacio absoluto y espacio relativo. El primero era un marco inmutable e independiente de los cuerpos que lo ocupaban; el segundo, una referencia basada en la posición y el movimiento de los objetos entre sí. Esta distinción le permitió formular sus leyes del movimiento sin depender de la existencia de un medio material. Para Newton, el espacio absoluto era el verdadero escenario de la mecánica, y el vacío era la condición natural en la que los cuerpos se movían sin restricciones. Así lo dejó claro en los *Principia Mathematica*:

> El espacio absoluto, por su naturaleza y sin relación a cualquier cosa externa, siempre permanece igual e inmóvil; el relativo es cualquier cantidad o dimensión variable de este espacio, que se define por nuestros sentidos según su situación respecto a los cuerpos, espacio que el vulgo toma por el espacio inmóvil […].

Uno de sus argumentos más famosos en favor del espacio absoluto fue su experimento del cubo de agua. Newton imaginó un cubo lleno de agua colgado de una cuerda que se hacía girar. Al principio, mientras el cubo giraba y el agua aún no había adquirido movimiento, su superficie permanecía plana. Sin embargo, a medida que el agua comenzaba a girar con el cubo, su superficie se volvía cóncava debido a la fuerza centrífuga. Lo interesante era que, cuando el cubo se detenía, el agua continuaba girando y manteniendo su superficie cóncava. Para

Newton, esto era una prueba de que la rotación no ocurría en relación con otros cuerpos cercanos, sino en relación con el espacio absoluto.

La formulación de la ley de inercia en la física newtoniana reforzó la necesidad del vacío como un medio natural para el movimiento. Aunque ya había sido anticipada por Galileo y Descartes, fue Newton quien la integró en un marco matemático más amplio. Según esta ley, un cuerpo en reposo o en movimiento rectilíneo uniforme permanecerá en ese estado a menos que una fuerza externa lo modifique. Esto implicaba que el movimiento no necesitaba un medio que lo sustentara, como había propuesto Aristóteles, ni un fluido universal como el de Descartes.

La segunda ley de Newton, $F=ma$, consolidó esta idea al establecer que la aceleración de un objeto depende solo de la fuerza aplicada y de su masa, sin requerir un medio intermedio que lo impulse o frene. Finalmente, la tercera ley, la de acción y reacción, eliminaba la necesidad de un éter resistente al movimiento. En el vacío, cada acción tiene una reacción igual y opuesta sin que haya pérdidas de energía por fricción con un medio invisible.

Por tanto, en el universo newtoniano, el vacío no solo era posible, sino que se convertía en un escenario ideal para que las leyes del movimiento operaran sin interferencias.

Sin embargo, Newton no rechazó por completo la idea de que pudiera existir algún tipo de sustancia sutil en el espacio. En su obra *Opticks* (1704), especuló sobre la posibilidad de un «éter» extremadamente tenue, capaz de explicar ciertos fenómenos como la propagación de la luz o la interacción entre cuerpos. No obstante, su postura era cautelosa y reconocía que no sabía realmente qué era este éter, dejando la cuestión abierta:

Y así, si alguien supusiera que el éter (como nuestro aire) puede contener partículas que intentan alejarse unas de otras (pues no sé qué es este éter) y que sus partículas son extremadamente más pequeñas que las del aire, o incluso que las de la luz: la extrema pequeñez de sus partículas podría contribuir a la magnitud de la fuerza con la que estas partículas se separan entre sí, haciendo así que este medio sea extremadamente más raro y elástico que el aire, y, por consecuencia, extremadamente menos capaz de resistir los movimientos de los proyectiles, y extremadamente más capaz de presionar sobre los cuerpos materiales al intentar expandirse.

A diferencia del éter mecánico cartesiano, que llenaba todo el espacio y transportaba el movimiento, Newton no incorporó este éter en la formulación de sus leyes del movimiento. Para la mecánica newtoniana, el vacío era suficiente para explicar el comportamiento de los cuerpos y la transmisión de fuerzas como la gravedad.

Las ideas de Newton sobre el vacío no fueron aceptadas sin oposición. Gottfried Wilhelm Leibniz, su gran rival filosófico, rechazó la idea de un espacio absoluto y argumentó que el espacio no era una entidad en sí misma, sino solo la relación entre los cuerpos. Para Leibniz, no tenía sentido hablar de un espacio vacío si no había cuerpos en él, y su existencia era una abstracción innecesaria. No concebía el espacio como un escenario independiente, sino como una construcción relacional que emergía exclusivamente de la disposición y relación entre los objetos materiales. Sin materia, el concepto de espacio carecía de significado. No podía haber distancia sin cuerpos que definieran posiciones relativas, ni podía existir el vacío sin la presencia de algo que lo delimitara.

Esta diferencia conceptual llevó a una de las disputas filosófico-científicas más importantes del siglo XVII, plasmada en la controversia Leibniz-Clarke. Samuel Clarke, discípulo y defensor de Newton, intercambió una serie de cartas con Leibniz entre 1715 y 1716, donde debatieron la naturaleza del espacio y su relación con Dios. Clarke defendía la concepción newtoniana del espacio absoluto como un marco fijo, mientras que

Leibniz insistía en que aceptar un espacio independiente de los cuerpos significaba introducir algo que carecía de función en la estructura del universo.

Leibniz también argumentó que el concepto de espacio absoluto violaba el principio de razón suficiente, según el cual nada en la naturaleza sucede sin una causa. Si el espacio absoluto fuera real, decía, no habría razón suficiente para que el universo estuviera en una posición determinada dentro de él en lugar de en cualquier otra. Para él, esto implicaba una arbitrariedad inaceptable dentro de un cosmos ordenado. Además, sostenía que si el espacio absoluto existiera, debería ser homogéneo en todas sus partes, lo que significaría que ninguna región podría distinguirse de otra. Si dos lugares fueran indiscernibles en todos los aspectos, entonces ocupar cualquiera de ellos no podría tener consecuencias físicas, lo que hacía irrelevante la noción de espacio absoluto.

Esta controversia anticipó debates sobre la naturaleza del espacio y el vacío que continuarían en la física moderna. Siglos más tarde, las críticas a la idea de un espacio absoluto influyeron en pensadores como Ernst Mach, quien argumentó que el movimiento solo podía definirse en relación con otros cuerpos. Estas ideas serían fundamentales para el desarrollo de la teoría de la relatividad de Einstein, que eliminó por completo la noción de un espacio absoluto independiente de la materia.

El impacto de Newton en la ciencia fue profundo. Su concepción del vacío permitió el desarrollo de la mecánica celeste y la gravitación universal, proporcionando una base teórica para la física clásica que se mantendría vigente hasta el siglo xx. El vacío ya no era una ausencia problemática, sino una condición necesaria para la formulación de leyes matemáticas universales. A pesar de sus especulaciones sobre un posible éter sutil, fue su modelo de un universo en el que el vacío era el escenario del movimiento lo que sentó las bases de la física moderna.

Empezamos en Grecia, ¿cómo hemos llegado a Newton?

El recorrido desde la Grecia antigua hasta Newton es el relato de un concepto que pasó de la negación absoluta a convertirse en el fundamento de la física moderna. Los griegos rechazaron el vacío porque no encajaba en su visión de un cosmos ordenado, lleno y continuo. Para ellos, el espacio no podía existir sin materia que lo definiera, del mismo modo que sus matemáticas no necesitaban un símbolo para representar la nada. Aristóteles convirtió este rechazo en un principio físico, el *horror vacui*, que dominó la ciencia durante siglos.

Sin embargo, la realidad física terminó imponiéndose. Galileo, Torricelli, Pascal y Boyle desafiaron la idea aristotélica con experimentos que demostraban la existencia del vacío. Newton fue quien finalmente consolidó su lugar en la ciencia, integrándolo en una mecánica matemática en la que el vacío no solo era posible, sino necesario. Curiosamente, mientras los físicos aceptaban el vacío en la naturaleza, los matemáticos terminaban aceptando el cero en sus cálculos. Lo que había sido una imposibilidad conceptual para los griegos se convirtió en una herramienta esencial para describir el universo. El vacío ya no era un problema, sino la clave para entender el movimiento, el espacio y el tiempo.

Pero el vacío no fue solo un problema para la ciencia. Su rechazo se reflejó en múltiples ámbitos del conocimiento y la cultura. En el arte y la literatura, el *horror vacui* se convirtió en una obsesión estética. Desde la cerámica geométrica griega hasta los frisos de los templos, pasando por la ornamentación medieval y el barroco, la tendencia a llenar los espacios vacíos con patrones, figuras y decoración saturada ha sido una constante. En la poesía, Luis de Góngora llevó esta lógica al lenguaje, construyendo un estilo denso y ornamentado que buscaba evitar la simplicidad y el vacío conceptual. En su obra, la sobrecarga sintáctica y la acumulación de metáforas reflejan la misma inquietud que llevó a los griegos a cubrir cada centímetro de sus cerámicas con meandros y figuras narrativas.

Incluso la cartografía mostró esta lucha contra el vacío. En los mapas antiguos, los territorios desconocidos no quedaban en blanco, sino que eran rellenados con dibujos de criaturas fantásticas, leyendas míticas y referencias a ciudades inexistentes como El Dorado. Hasta bien entrado el siglo XVII, los atlas europeos evitaban los espacios vacíos añadiendo ilustraciones de bestias marinas, lagunas imaginarias y anotaciones pseudocientíficas. El vacío, tanto en la ciencia como en la representación del mundo, era una incógnita intolerable.

Sin embargo, la historia del vacío no termina en Newton. Su visión del espacio absoluto y del vacío como un escenario fijo y universal se mantuvo durante siglos, hasta que nuevas revoluciones científicas volvieron a ponerlo en cuestión. Con la relatividad de Einstein, el espacio dejó de ser un fondo inmutable y pasó a ser dinámico, deformándose con la presencia de la materia y la energía. La física cuántica, por su parte, desdibujó la idea del vacío como una nada absoluta, revelándolo como un mar de fluctuaciones y partículas virtuales. En capítulos posteriores volveremos a la física para ver cómo estas nuevas concepciones transformaron nuestra comprensión del vacío, llevando el debate a territorios que ni los griegos ni Newton podrían haber imaginado.

4

EL VIAJE DEL CERO AL MUNDO ISLÁMICO

C omo hemos visto, el cero ya había encontrado su espacio en la India, pero su viaje estaba lejos de terminar. Su verdadero triunfo no se mediría solo en su invención. También tuvo la capacidad de traspasar fronteras, infiltrarse en nuevas culturas y transformar el pensamiento matemático en cada lugar donde echaba raíces. En los siglos posteriores a su aparición en los textos indios, el cero no permaneció estático, pues se convirtió en un viajero, un concepto en tránsito que atravesó caminos comerciales, debates filosóficos y tratados matemáticos. Su siguiente gran parada fue el mundo islámico, un crisol de conocimientos donde se fusionaban ideas de diferentes rincones del mundo antiguo.

No obstante, para entender cómo el cero fue absorbido y perfeccionado en la civilización islámica, es necesario mirar el contexto más amplio. Desde el siglo VIII, el califato abasí convirtió Bagdad en el epicentro intelectual del mundo, un lugar donde convergían sabios de Persia, la India, Grecia y el Mediterráneo. En la Casa de la Sabiduría *(Bayt al-Hikma)*, los textos indios y griegos eran estudiados y traducidos, reelaborados y ampliados con un espíritu inquisitivo que no temía cuestionar lo establecido. Fue en este entorno donde el cero dejó de ser una curiosidad extranjera para convertirse en una herramienta esencial en la nueva matemática árabe.

El nombre de Al-Juarismi va a ser una figura clave en esta historia. Su trabajo consolidó el uso del cero dentro del sistema decimal y abrió el camino para el álgebra, la disciplina que revolucionaría los cálculos matemáticos en los siglos venideros. Gracias a él y a otros matemáticos islámicos, el cero ganó una presencia incuestionable en los algoritmos y en la resolución de ecuaciones. Sin embargo, no todo fue aceptación inmediata. Al igual que en Grecia, algunos pensadores islámicos encontraron resistencia a la idea de un número que representaba la nada, lo que suscitó debates sobre su verdadera naturaleza y significado.

Pero la historia del cero en el mundo islámico no termina ahí. Si bien fue adoptado, perfeccionado y aplicado en cálculos astronómicos, financieros y arquitectónicos, su destino final aún estaba por definirse. El cero cruzaría las puertas de Al-Ándalus y Sicilia para regresar a Europa, donde encontraría un terreno hostil antes de su inevitable victoria. En este capítulo profundizaremos en el papel crucial de la civilización islámica en este proceso: cómo el cero encontró en su camino aliados y opositores, cómo se integró en los tratados más influyentes de la época y cómo su aceptación cambió para siempre la forma en que el mundo entendía los números.

BAGDAD: EL CENTRO MUNDIAL DEL CONOCIMIENTO

En el siglo VIII, Bagdad se convirtió en el centro intelectual del mundo islámico. Fundada en el año 762 por el califa Al-Mansur, la ciudad simbolizaba el poder del califato abasí y su ambición por consolidar un imperio basado en el conocimiento. A diferencia de dinastías anteriores, los abasíes promovieron activamente la recopilación y el estudio de textos provenientes de distintas tradiciones, desde la griega hasta la india. La expansión territorial y el auge comercial del califato demandaban herramientas más precisas para la administración, la contabilidad y la astronomía. La necesidad de un sistema numérico eficiente se hizo evidente en este contexto, pues los cálculos debían ser más ágiles, rigurosos y seguros para gestionar un imperio en crecimiento.

En muchos sentidos, lo que ocurrió en Bagdad anticipa ciertas dinámicas contemporáneas. La reunión sistemática de saberes diversos, su traducción, comparación y reorganización resuena con el modo en que hoy se entrenan inteligencias artificiales como ChatGPT. Así como los califas abasíes confiaron en la capacidad de síntesis intelectual para cimentar un proyecto político y cultural, las redes neuronales modernas se nutren de millones de fragmentos de texto —históricos, científicos, literarios— para construir modelos capaces de detectar patrones, resolver problemas y, en cierta forma, «aprender» del pasado. Ambos procesos comparten una misma fe en la acumulación crítica del conocimiento y en el poder transformador de la abstracción.

En el corazón de esta revolución intelectual estaba la *Bayt al-Hikma*, la Casa de la Sabiduría, un centro de traducción y estudio que reunía a sabios de distintas culturas. Bajo el patrocinio de los califas, científicos y eruditos trabajaron en la preservación y reinterpretación de los conocimientos heredados de Grecia, Persia e India. Entre ellos, Hunayn ibn Ishaq destacó por sus traducciones de obras de Hipócrates, Galeno y Aristóteles, que fueron fundamentales para el desarrollo de la medicina y la filosofía en el mundo islámico. Sin embargo, el interés de la *Bayt al-Hikma* no se limitaba a la tradición grecolatina. También se incorporaron conceptos matemáticos y astronómicos de la India, integrando nuevas formas de cálculo y sistemas numéricos. En este ambiente de intercambio y desarrollo, el sistema decimal y el cero encontraron un espacio para su expansión.

Más allá del ámbito académico, las matemáticas desempeñaron un papel clave en la vida cotidiana del califato. El comercio, que conectaba Bagdad con Asia, el norte de África y Europa, dependía de sistemas contables ágiles y eficaces. La administración de impuestos, el cálculo de intereses y la organización de los mercados requerían métodos más eficientes que los heredados de los romanos y los griegos. Al mismo tiempo, la astronomía tenía un valor fundamental en la cultura islámica, ya que permitía calcular el calendario religioso y orientar la navegación. Influencias religiosas como el zoroastrismo y el hinduismo también dejaron su huella en la forma en que los matemáticos islámicos abordaron sus teorías, integrando nuevas concepciones del tiempo y el espacio. En este entorno, la introducción del cero representó una solución a múltiples problemas prácticos y abrió nuevas posibilidades para el desarrollo del pensamiento matemático.

El papel de Al-Juarismi: de la difusión del sistema decimal a la consolidación

Muhammad ibn Musa Al-Juarismi nació en la región de Jorasán, en algún momento del siglo VIII, en el seno de un califato que estaba experimentando una profunda transformación intelectual. Su origen exacto es incierto, aunque se cree que provenía de la ciudad de Juarism, en la actual Uzbekistán. Con el tiempo, su talento lo llevó a Bagdad, donde se convirtió en una de las figuras más influyentes de la Casa de la Sabiduría. Allí trabajó como matemático, astrónomo y geógrafo. Participó en la recopilación y desarrollo del conocimiento heredado de diversas tradiciones. Su formación estuvo marcada por la

Sello en homenaje a Al-Juarismi, emitido por
la Unión Soviética en 1983.

influencia de la geometría griega, la astronomía persa y el sistema numérico indio, una combinación que le permitió formular ideas que viajarían en el tiempo.

El legado de Al-Juarismi se consolidó gracias a sus escritos, entre los cuales destaca el *Algoritmi de numero Indorum* (título latinizado en las traducciones medievales), o *El libro de Al-Juarismi sobre los números de los hindúes*. En esta obra, el matemático presentó un tratado metódico sobre el uso del sistema decimal posicional, introduciendo a sus lectores en una nueva forma de operar con los números. Hasta ese momento, los cálculos se realizaban con sistemas numéricos menos versátiles, como el romano, el abjad árabe o el sexagesimal babilónico, que dificultaban la realización de operaciones aritméticas complejas. La gran innovación de su tratado fue la exposición clara y estructurada del sistema indio, en el que el valor de un número no dependía solo de los símbolos empleados, sino de su posición dentro de la cifra escrita. Este avance permitió un manejo mucho más eficiente de cantidades grandes y facilitó los cálculos de comerciantes, administradores y astrónomos.

Dentro del *Kitab al-Jisab al-Hindi*, uno de los elementos más transformadores fue la inclusión del cero como un componente fundamental del sistema de numeración. Aunque ya existían antecedentes de su uso en la India, fue Al-Juarismi quien lo normalizó dentro del mundo islámico, mostrando su utilidad en las operaciones matemáticas y en la notación posicional. Su tratado explicaba con ejemplos concretos cómo el cero permitía diferenciar entre valores como 4 y 40, evitando la ambigüedad que se generaba en los sistemas numéricos anteriores. También estableció métodos para realizar sumas, restas, multiplicaciones y divisiones con una claridad que facilitó su adopción entre los estudiosos de la época. Gracias a esta obra, la numeración decimal comenzó a difundirse con mayor rapidez en el califato abasí y posteriormente en Europa, a través de las traducciones realizadas en Al-Ándalus y la escuela de traductores de Toledo.

Más allá de su impacto en los cálculos aritméticos, el tratado de Al-Juarismi tuvo importantes implicaciones en la administración del califato. La contabilidad y la gestión de los tributos fueron algunas de las áreas donde el nuevo sistema numérico demostró su eficacia. Anteriormente, los escribas debían emplear complejos métodos de cálculo para registrar las cuentas del imperio, lo que aumentaba el margen de error y ralentizaba el proceso. Con la introducción del sistema decimal, los cálculos se volvieron más precisos y ágiles, lo cual facilitaría el comercio y la recaudación fiscal. Hay que tener en cuenta que la economía del califato dependía del intercambio a gran escala, por lo que la adopción de un método numérico más eficiente marcó una diferencia crucial en la administración de recursos.

EL CERO COMO CONSECUENCIA DE LA RESTA

Uno de los problemas fundamentales en la numeración posicional es la correcta interpretación de los valores cuando una operación deja una posición vacía. En los sistemas anteriores a la adopción del cero, la ausencia de cantidad podía generar ambigüedades en la lectura de los números, dificultando los cálculos y aumentando el margen de error.

Al-Juarismi, en su estudio de la numeración hindú, observó que los matemáticos indios resolvían este problema introduciendo un símbolo específico para representar el resultado de una resta cuando el valor en una determinada posición era cero. Según recoge Barrow en *El libro de la nada*, Al-Juarismi describió este procedimiento de la siguiente manera:

> Cuando [después de restar] no queda nada, ellos escriben el círculo pequeño, de manera que el lugar no queda vacío. El círculo pequeño tiene que ocupar la posición, porque de otra forma habría menos lugares, de modo que el segundo podría tomarse erróneamente como el primero.

Este testimonio muestra cómo la necesidad de preservar la estructura posicional en los cálculos llevó a la adopción del cero como un marcador esencial. Sin este símbolo, una operación como 203 – 3 podría generar confusión, ya que la ausencia de un dígito en la posición de las decenas no quedaría clara.

1. Cuenta correcta con el cero:

   $203-3=200$

   (El cero en la decena deja claro que el resultado es doscientos).

2. Posible error sin el cero:

    203−3=2 [sic]

    (Si no se representara el cero en la decena, alguien podría interpretar erróneamente el resultado como 2 o 20 en lugar de 200, ya que sin un marcador explícito se perdería la estructura posicional del número).

El uso del cero resolvió este problema al indicar explícitamente la ausencia de valor en esa posición, evitando errores en la interpretación de los resultados.

La introducción del cero en la resta tuvo efectos inmediatos en la aritmética y en la contabilidad. Facilitó la estructuración de algoritmos de cálculo, redujo errores en los registros comerciales y administrativos y permitió el desarrollo de métodos algebraicos más precisos. En tratados posteriores a Al-Juarismi, como los de Al-Kashi, el cero se utilizaba sistemáticamente en

DALL-E / Autor

Durante un tiempo hubo dudas sobre si el cero era un número real
o solo un subterfugio para los cálculos.

la resolución de ecuaciones y en la organización de tablas matemáticas, lo que consolidaría su papel dentro del pensamiento matemático islámico.

AL-SAMAWAL: EL REY DE LOS POLINOMIOS

A mediados del siglo XII, el matemático Al-Samawal ibn Yahya consolidó el álgebra como una disciplina independiente dentro del mundo islámico. Su obra *Al-Bāhir fi'l-jabr (El brillante en álgebra)* representó un avance clave en la sistematización del cálculo simbólico, superando las limitaciones de la matemática griega y las formulaciones aritméticas anteriores. En este tratado, no solo estructuró el uso de polinomios y exponentes, sino que también aplicó el cero de manera rigurosa en la escritura y manipulación de ecuaciones.

El impacto de Al-Juarismi en las matemáticas fue tan profundo que su propio nombre dejó una huella en el lenguaje. En las traducciones latinas medievales, su nombre apareció como *Algoritmi* o *Algorismi*, lo que llevó a que sus métodos numéricos y algebraicos se identificaran con este término. Con el tiempo, la palabra evolucionó hasta convertirse en *algoritmo*, usada hoy para describir cualquier procedimiento sistemático de cálculo o resolución de problemas. Su influencia lingüística no termina ahí. En español, la palabra *guarismo*, que se refiere a los dígitos numéricos, también deriva de su nombre, reflejando su papel en la introducción de la numeración decimal en Europa.

Uno de los problemas recurrentes en la notación matemática previa era la ausencia de un sistema claro para expresar términos faltantes dentro de una ecuación. Al-Samawal resolvió este inconveniente integrando el cero como un coeficiente explícito en los polinomios, lo que permitió representar con mayor claridad estructuras algebraicas complejas. Su enfoque facilitó el desarrollo de técnicas de división de polinomios, la extracción de raíces y la formulación de relaciones entre coeficientes, sentando las bases de la notación algebraica moderna.

Un ejemplo es el tratamiento del cero en la potenciación y las reglas de exponentes fue uno de los avances más significativos de Al-Samawal en la sistematización del álgebra. Presentó una serie de reglas matemáticas para la manipulación de exponentes, estableciendo relaciones que más tarde serían redescubiertas en Europa. Entre estas reglas, formalizó la definición de la potencia de exponente cero, la multiplicación de potencias con la misma base y la organización jerárquica de términos en las tablas de exponentes.

Una de sus contribuciones más importantes fue la definición de la potencia de exponente cero. En su formulación, estableció que cualquier número distinto de cero elevado a la potencia cero debía ser igual a uno:

$$x^0 = 1, \text{ para } x \neq 0$$

Esta regla, que hoy es fundamental en el álgebra moderna, fue presentada por Al-Samawal como una consecuencia de la estructura de las potencias y su progresión decreciente. Si observamos la secuencia de potencias decrecientes de un número:

$$x^3, x^2, x^1, x^0, x^{-1}, x^{-2}, x^{-3}$$

donde cada paso implica la división entre x, la continuidad de la progresión exige que:

$$x^1 \div x = x^0$$

Dado que $x^1 = x$ y la división entre sí mismo da 1 ($x/x=1$), se deduce que $x^0 = 1$. Este razonamiento, formulado por Al-Samawal en su tratado, precede en varios siglos a su formalización en la matemática europea. Hoy se ve en todos los centros de secundaria del mundo como una «verdad» incuestionable, hasta el punto que incluso hay docentes y estudiantes que desconocen su demostración y su origen real.

Hay más resultados que seguimos viendo en los institutos. Además de esta regla, Al-Samawal estableció la ley de los exponentes para la multiplicación de potencias con la misma base:

$$x^m \cdot x^n = x^{m+n}$$

Esta propiedad, esencial para la simplificación de expresiones algebraicas, aparece en su obra con ejemplos concretos, aplicados a la resolución de ecuaciones y a la descomposición de términos en productos de potencias.

Para organizar estos cálculos y facilitar su comprensión, Al-Samawal diseñó tablas de exponentes donde el cero tenía un papel central en la jerarquización de términos. En estas tablas, los exponentes se organizaban en columnas que mostraban cómo los términos decrecían hasta llegar a la potencia cero, lo que servía como referencia en cálculos algebraicos más complejos. Este método ayudó a estandarizar la notación y facilitó el desarrollo de reglas más generales para la manipulación de expresiones.

El trabajo de Al-Samawal sobre los exponentes consolidó el uso del cero dentro del álgebra y también anticipó reglas fundamentales que posteriormente serían adoptadas en la matemática occidental. Su enfoque rigurosamente sistemático en la manipulación de potencias sentó las bases para el desarrollo de técnicas algebraicas más avanzadas, que influirían en matemáticos islámicos y europeos en los siglos posteriores.

Cero en la división de polinomios: otra herramienta mágica de Al-Samawal

Al-Samawal ibn Yahya llevó el uso del cero en álgebra a un nivel más estructurado al aplicarlo en la división de polinomios, una técnica clave en la resolución de ecuaciones y en la simplificación de expresiones algebraicas. Antes de su trabajo, los matemáticos tenían dificultades para representar términos ausentes en polinomios, lo que complicaba el proceso de división. La introducción del cero como coeficiente explícito permitió organizar las operaciones de forma más sistemática, reduciendo errores y facilitando la manipulación algebraica. En cualquier caso, es importante recordar que la división de polinomios ya era un procedimiento conocido antes de Al-Samawal, pero su aplicación no estaba formalmente sistematizada y carecía de una notación estandarizada.

En *Al-Bāhir*, Al-Samawal presentó reglas detalladas para la división de polinomios de grado superior, siguiendo un enfoque que más tarde se asemejaría al método de la división sintética en álgebra moderna. Uno de los aspectos más relevantes de su método fue el uso del cero en los coeficientes faltantes, lo que aseguraba que los términos estuvieran correctamente alineados en cada paso del proceso.

Para ilustrar la forma en que Al-Samawal utilizó el cero en la división de polinomios, consideremos el siguiente problema basado en su obra: una división de polinomios, el horror de los estudiantes de secundaria.

Queremos dividir el polinomio

$$P(x) = x^4 - 2x^2 + 3$$

entre el divisor:

$$D(x) = x^2 - 1$$

Antes de realizar la división, notamos que en $P(x)$ falta el término correspondiente a x^3, así como al término x. Aquí está la gran novedad. Para evitar confusiones en los cálculos, Al-Samawal introduce ceros explícitos en los coeficientes, reescribiendo el polinomio como sigue (según notación actual):

$$P(x) = x^4 + 0x^3 - 2x^2 + 0x + 3$$

Este simple ajuste garantiza que cada término ocupe su posición correcta, alineando los exponentes en el proceso de división.

Ahora podemos proceder con el cálculo estructurado según su método, paso a paso. Es curioso que muchos docentes no usan aquí el cero, sino que dejan huecos, algo completamente lícito.

Paso 1: División del primer término

Dividimos el primer término de $P(x)$, x^4, entre el primer término de $D(x)$, x^2:

$$\frac{x^4}{x^2} = x^2$$

Este resultado lo guardamos para el final. Entre tanto, multiplicamos x^2 por x^2-1:

$$(x^2)(x^2 - 1) = x^4 - x^2$$

Restamos esta cantidad de $P(x)$:

$$(x^4+0x^3-2x^2+0x+3)-(x^4-x^2) = 0x^4+0x^3-x^2+0x+3$$

Aquí, la introducción del cero en x^4 mantiene el alineamiento estructural de los términos, evitando errores en los cálculos subsiguientes.

Paso 2: División del siguiente término

Dividimos el nuevo primer término $-x^2$ entre x^2:

$$\frac{-x^2}{x^2} = -1$$

Este término también lo guardamos para el final. Entretanto, multiplicamos -1 por x^2-1:

$$(-1)(x^2 - 1) = -x^2 + 1$$

Restamos esto del resultado anterior:

$$(0x^4+0x^3-x^2+0x+3)-(-x^2+1) = 0x^4+0x^3+0x^2+0x+2$$

De nuevo, el cero en x^2 se mantiene para estructurar correctamente el siguiente paso.

Paso 3: Término final

El residuo final (resto) es 2, que no se puede dividir entre x^2, pues su potencia es inferior. Por otra parte, el ciciente se compone con las dos divisiones individuales que habíamos realizado y «guardado». Por lo que la división concluye con:

$$Q(x) = x^2 - 1, \quad R(x) = 2$$

En definitiva, ¿cuál es el verdadero aporte de Al-Samawal? En este proceso, el uso del cero en los coeficientes faltantes fue la innovación clave de Al-Samawal. Su método no cambió el procedimiento de la división en sí mismo, pero sí permitió que fuera más estructurado y sistemático, facilitando su aplicación en cálculos más avanzados y en la enseñanza del álgebra.

Gracias a su trabajo, la división de polinomios dejó de ser un procedimiento desordenado y basado en inferencias implícitas, para convertirse en un algoritmo replicable, con una notación clara y adaptable a problemas de mayor complejidad. Su enfoque influyó en la forma en que posteriormente se organizaron los cálculos algebraicos, y anticipó desarrollos como la división sintética moderna.

Un paso más: el cero en la extracción de raíces cuadradas y aproximaciones decimales

El método de Al-Samawal para la extracción de raíces cuadradas supuso un avance significativo en la sistematización del álgebra. Su enfoque, documentado en *Al-Bāhir*, se basaba en un procedimiento iterativo en el que el cero desempeñaba un papel clave, tanto para mantener la alineación correcta de los términos como para indicar coeficientes ausentes en los cálculos. A diferencia de otros métodos previos, que a menudo omitían los términos vacíos y requerían ajustes manuales en cada paso, Al-Samawal estableció un procedimiento estructurado en el que cada número ocupaba su posición con precisión, eliminando la necesidad de correcciones arbitrarias y reduciendo la posibilidad de errores en la resolución.

En los ejemplos extraídos de *Al-Bāhir*, Al-Samawal aplicó su método a expresiones polinómicas complejas, incorporando términos positivos y negativos, así como fracciones inversas. Un caso concreto encontrado en sus textos muestra el cálculo de la raíz cuadrada de la siguiente expresión algebraica (que a nadie le explote la cabeza):

$$\sqrt{25x^6 - 30x^5 + 9x^4 - 40x^3 + 84x^2 - 116x + 64 - \frac{48}{x} + \frac{100}{x^2} - \frac{96}{x^3} + \frac{64}{x^4}}$$

Siguiendo su método, el resultado obtenido fue:

$$5x^3 - 3x^2 - 4 + \frac{6}{x} - \frac{8}{x^2}$$

En este cálculo, el cero aparece en varias etapas del procedimiento para garantizar que cada término esté alineado correctamente y que los coeficientes negativos y las fracciones sean tratados de manera sistemática. Su enfoque no solo permitía extraer raíces cuadradas con precisión, sino que también facilitaba la manipulación de ecuaciones algebraicas con términos de distintos grados.

Una parte fundamental del método de Al-Samawal es su uso del cero en la organización de los cálculos, lo que queda reflejado en la Tabla 20 de *Al-Bāhir*, según indica Mustapha Nadmi en su libro *Un paso significativo hacia el desarrollo del álgebra: Al-Samaw'al Ibn Yahya Al-Maghribí*, un matemático del siglo VII. En esta tabla se muestra paso a paso la descomposición de los términos y su reubicación sistemática. En su descripción original, traducida directamente del árabe, se lee:

Luego buscamos un número que, al multiplicarlo por diez, se convierta en nada, encontramos que es cero, lo colocamos después del tres en la línea superior y después del seis en la línea inferior, y movemos la línea inferior con el cero una posición a la derecha. Luego buscamos un número que, al multiplicarlo por diez, se convierta en −40, encontramos que es −4, lo colocamos después del cero en la línea superior y lo multiplicamos por diez, restando el resultado de lo que está arriba, de modo que desaparece. Multiplicamos el −4 de la línea superior por el −6, obteniendo 24, lo restamos de lo que está arriba del −6 y quedan 60 unidades. Multiplicamos el −4 de la línea superior por el −4 de la línea inferior, obtenemos 16 positivo, lo restamos de lo que está arriba del −4 negativo, quedando 48. Luego duplicamos el −4 de la línea inferior y movemos la línea una posición a la derecha, quedando como se muestra en la Tabla 20.

Este fragmento evidencia la estructura rigurosa del método de Al-Samawal, en el que cada iteración se realiza manteniendo la alineación de términos y asegurando que cada operación sea documentada con precisión. En la Tabla 20, podemos observar cómo cada número es desplazado y cómo los ceros cumplen su función en la organización de los cálculos:

x^3	x^2	x	x^0	x^{-1}	x^{-2}	x^{-3}
5	−3	0	−4	0	0	0
60	−116	48	−48	100	−96	64

En esta tabla, el cero aparece de manera explícita en los coeficientes ausentes, lo que permite seguir la lógica del cálculo sin confusión. La alineación de los términos y el desplazamiento en cada paso garantizan que los valores negativos y positivos sean manipulados correctamente, un procedimiento que anticipa métodos iterativos posteriores en el álgebra.

El método de Al-Samawal para la extracción de raíces cuadradas es un claro ejemplo de cómo la introducción del cero en la notación matemática no solo resolvió un problema de representación, sino que transformó la manera en que se llevaban a cabo los cálculos algebraicos. Su sistema permitió una mayor precisión en los resultados y facilitó la enseñanza de técnicas avanzadas de resolución de ecuaciones, influenciando a generaciones posteriores de matemáticos islámicos y europeos.

El arte del infinito aderezado con el cero: Al-Samawal y las series que nunca terminan

Al-Samawal ibn Yahya llevó la notación algebraica a un nuevo nivel con su uso sistemático del cero, pero es que también exploró la naturaleza del infinito a través del desarrollo de series algebraicas. En su tratado *Al-Bāhir*, anticipó métodos que siglos después serían refinados por matemáticos europeos como Newton y Euler. La clave de su enfoque residía en la forma en que utilizaba el cero para organizar términos en expansiones de series infinitas, asegurando una estructuración rigurosa y una notación que facilitaba la comprensión de los patrones matemáticos subyacentes.

El uso del cero en las series infinitas resolvía problemas de alineación y permitía establecer reglas generales para la expansión de polinomios en términos progresivos. Su método, que implicaba la distribución sistemática de coeficientes y la consideración de exponentes decrecientes, sirvió como base para el análisis de la expansión binomial, una herramienta esencial en la matemática moderna.

Consideremos la expansión de $(x+y)^n$. En términos generales, su desarrollo sigue la estructura:

$$(x + y)^n = \sum_{k=0}^{n} \binom{n}{k} x^{n-k} y^k$$

En este contexto, el cero desempeña dos roles fundamentales en la notación de Al-Samawal:

1. Como marcador de términos ausentes: en sus desarrollos algebraicos, Al-Samawal insertaba ceros explícitos cuando ciertos coeficientes desaparecían, asegurando que cada término de la serie mantuviera su estructura posicional.

2. Como herramienta para manipular coeficientes negativos: en algunas expansiones, la ausencia de términos positivos requería el uso de coeficientes negativos organizados sistemáticamente. El cero permitía establecer una transición fluida entre valores, evitando confusión en la disposición de términos.

En particular, su método de expansión incluía la multiplicación iterativa de binomios, en la que los términos desaparecidos eran reemplazados por ceros antes de proceder a la siguiente iteración. Este enfoque allanó el camino para la formulación de reglas generales sobre combinatoria y coeficientes binomiales.

Podemos ver el ejemplo de la expansión de $(x-1)^4$, con la fórmula general tendríamos:

$$\binom{n}{k} = \frac{n!}{k!(n-k)!}$$

Calculando los coeficientes:

$$(x-1)^4 = x^4 - 4x^3 + 6x^2 - 4x + 1$$

La innovación de Al-Samawal no fue la expansión en sí misma, sino su forma de organizar los cálculos, asegurando que cada coeficiente surgiera de manera ordenada. Su técnica consistía en utilizar ceros en los cálculos intermedios, no en la expansión final, sino como marcadores de posición durante el desarrollo de los coeficientes.

Su método consistía en construir fila por fila los coeficientes, alineándolos correctamente con ceros en posiciones donde aún no había contribución. Esto es similar a lo que hoy conocemos como el triángulo de Pascal, pero con la diferencia de que Al-Samawal incluía ceros explícitos en pasos intermedios para evitar confusiones.

En el caso que hemos visto tendríamos:

- **Paso 1: Inicialización con (x–1)¹**

$$(x - 1)^1 = x - 1$$

- **Paso 2: Multiplicación por (x–1) para obtener (x–1)²**

$$(x - 1)^2 = (x - 1)(x - 1) = x^2 - 2x + 1$$

- **Paso 3: Multiplicación por (x–1) para obtener (x–1)³**

$$(x-1)^3 = (x-1)(x^2-2x+1) = x^3-3x^2+3x-1$$

- **Paso 4: Multiplicación por (x–1) para obtener (x–1)⁴**

$$(x-1)^4 = (x-1)(x^3-3x^2+3x-1) = x^4-4x^3+6x^2-4x+1$$

Para garantizar que los cálculos fueran organizados, utilizaba una tabla de coeficientes donde los ceros mantenían la estructura correcta. Sería algo como la siguiente:

Iteración	x^4	x^3	x^2	x^1	x^0
$(x-1)^1$	0	0	0	1	−1
$(x-1)^2$	0	0	1	−2	1
$(x-1)^3$	0	1	−3	3	1
$(x-1)^4$	1	−4	6	4	1

En conclusión, la innovación de Al-Samawal en la expansión binomial:

- Utilizaba ceros en los cálculos intermedios para garantizar una estructura ordenada.

- Facilitó la iteración de coeficientes, asegurando que cada término de la expansión anterior contribuyera correctamente.

- Evitó errores al alinear coeficientes correctamente en una tabla estructurada.

- Prefiguró el uso del triángulo de Pascal, aunque con una notación más rigurosa.

EL CERO EN LA TRIGONOMETRÍA ISLÁMICA: CÁLCULOS PRECISOS EN LA ASTRONOMÍA Y LAS MATEMÁTICAS

Es una realidad patente que la matemática islámica perfeccionó la aritmética y el álgebra. No obstante, también hizo avances significativos en la trigonometría, un área clave para la astronomía, la navegación y la arquitectura. Aunque en los textos islámicos el cero no aparece explícitamente como un número en las funciones trigonométricas, su papel en la numeración posicional y en los cálculos precisos de senos y cosenos fue determinante.

Desde el siglo IX, los matemáticos y astrónomos islámicos se apoyaron en la trigonometría para refinar cálculos celestes, predecir eclipses y mejorar la cartografía. Grandes matemáticos como Al-Battani (850-929) y Nasir al-Din al-Tusi (1201-1274) desarrollaron tablas trigonométricas con una precisión superior a la de sus predecesores griegos e indios.

En estas tablas, el sistema decimal y el uso del cero como marcador de posición permitieron una notación más clara y ordenada de los valores trigonométricos. Aunque el cero no aparece en las funciones seno y coseno como las entendemos hoy, sí jugó un papel clave en la estructura de los cálculos trigonométricos.

Si bien en los registros islámicos no se menciona explícitamente que el seno de 0° se estableciera formalmente como cero absoluto, su inclusión dentro de un sistema decimal más preciso permitió que los valores de senos y cosenos se registraran con mayor claridad.

El cero como herramienta contable en el califato islámico

Antes de la adopción del sistema decimal con el cero, los escribas islámicos utilizaban métodos de conteo más rudimentarios, lo que dificultaba la administración de impuestos y el comercio a gran escala. Con la normalización del cero:

- Se redujeron los errores en los registros de impuestos, que permitiría cálculos más exactos en la tributación.

- Se facilitó la contabilidad de grandes volúmenes de transacciones comerciales, especialmente en mercados y caravanas.

- Los balances financieros pudieron representarse con mayor precisión, ya que el cero marcaba claramente la ausencia de valor en determinadas posiciones.

El comercio islámico, que abarcaba desde el Mediterráneo hasta Asia, requería un sistema flexible y confiable. Gracias a la introducción del cero, los cálculos de conversión de monedas y pesas se volvieron más eficientes, permitiendo una mejor regulación de los mercados y contratos comerciales.

Por tanto, el uso del cero en la contabilidad islámica no fue solo una cuestión matemática, sino también una necesidad administrativa. A medida que el califato crecía, la centralización de registros fiscales y comerciales se volvió indispensable para evitar fraudes y mejorar la eficiencia en la distribución de recursos.

Los registros fiscales del califato abasí indican que:

- La administración de ingresos y gastos se benefició del sistema decimal, agilizando cálculos de distribución de impuestos y planificación presupuestaria.

- Los comerciantes adoptaron gradualmente la numeración posicional con el cero, lo que facilitó la elaboración de contratos financieros más detallados.

Este avance permitió que el sistema financiero islámico alcanzara un grado de sofisticación inédito en la época, sentando las bases para la posterior transmisión del sistema decimal a Europa.

EL CERO EN DISPUTA: ¿VACÍO MATEMÁTICO O NÚMERO REAL?

Cuando el cero llegó al mundo islámico, no lo hizo sin generar preguntas. ¿Era un número o simplemente un símbolo útil para los cálculos? La respuesta no fue inmediata ni unánime. Aunque su presencia en la numeración posicional había facilitado avances significativos en la aritmética y el álgebra, su significado profundo seguía siendo un enigma filosófico.

Los matemáticos islámicos, herederos del conocimiento de India y Grecia, se encontraron en una encrucijada intelectual. Por un lado, el cero se mostraba indispensable en cálculos complejos; por otro, la tradición aristotélica, absorbida en gran parte por el pensamiento islámico medieval, rechazaba la idea de la nada absoluta. En este contexto, la aceptación del cero fue un proceso gradual, tanto en el ámbito de los números, como en la cosmología, la filosofía y la relación con el concepto de vacío.

La matemática islámica se desarrolló en un punto de encuentro entre el conocimiento griego y la numeración india. Durante siglos, la tradición grecolatina había operado sin el cero, utilizando sistemas en los que la ausencia de un número no requería un marcador explícito. Como ya sabes, los romanos, por ejemplo, nunca sintieron la necesidad de un símbolo para representar el vacío en su numeración, mientras que los griegos, con su enfoque geométrico y su fuerte apego a la filosofía aristotélica, no concibieron un número que representara «la nada».

El mundo islámico, sin embargo, se convirtió en un puente entre Oriente y Occidente. Con la fundación de la Casa de la Sabiduría en Bagdad en el siglo IX, la obra de matemáticos indios y griegos fue recopilada, traducida y comentada por estudiosos islámicos. Fue en este contexto donde los números indoarábigos, con el cero incluido, comenzaron a difundirse, pero no sin resistencia.

Uno de los problemas principales era la concepción aristotélica del universo, que dominaba el pensamiento filosófico islámico. Como hemos visto anteriormente, Aristóteles había argumentado que «la naturaleza aborrece el vacío» *(horror vacui)*, una idea que llevó a generaciones de matemáticos y filósofos a rechazar la existencia del vacío absoluto. Si el vacío no podía existir en la naturaleza, ¿cómo podía el cero, su equivalente matemático, ser un número legítimo?

Esta tensión se reflejó en las primeras reacciones al sistema decimal. Mientras que matemáticos como Al-Juarismi usaban el cero de manera práctica en la aritmética, su estatus filosófico seguía sin resolverse. La pregunta que ya hemos traído persistía: ¿era el cero un número real, o solo un marcador de posición?

Recapitulemos y avancemos. La adopción del cero dentro del islam no fue homogénea. Al igual que en otras culturas, su aceptación pasó por distintas fases, en las que algunos lo veían como un elemento puramente utilitario y otros como un concepto matemático legítimo. Esto es lo que tenemos:

1. Al-Juarismi y la aritmética con el cero. En su obra *Kitab al-Jabr wal-Muqabala*, Al-Juarismi consolidó la numeración indoarábiga y normalizó el uso del cero en cálculos algebraicos y contables. Sin embargo, no se refirió al cero como un número independiente, sino como una herramienta para representar valores vacíos en la notación posicional.

2. Al-Samawal y la expansión algebraica del cero. Un siglo después, Al-Samawal llevó el cero más allá del uso aritmético y lo integró en el álgebra. En su tratado, describió su papel en la manipulación de ecuaciones polinómicas, aceptando implícitamente que el cero tenía una entidad matemática propia.

3. Al-Kashi y la consolidación del cero en el sistema decimal. En el siglo xv, Al-Kashi perfeccionó el uso del cero en los cálculos decimales, hasta el punto de que estableció una estructura matemática en la que el cero ya no era solo un espacio vacío, sino una parte esencial de la representación de los números.

A pesar de estos avances, el debate no estaba completamente cerrado. Algunos estudiosos islámicos seguían considerando al cero como un artificio útil, pero no como un número con entidad propia. Esta incertidumbre solo se resolvería siglos después, cuando su uso se volvió indispensable en la matemática moderna.

No obstante, y a diferencia de la tradición aristotélica, que rechazaba el vacío absoluto, el pensamiento islámico aceptaba la idea de que el universo había sido creado a partir de la nada *(ex nihilo)*. Esta noción, arraigada en la teología islámica, contrastaba con la cosmología griega, donde el universo era eterno y lleno de materia.

Filósofos como Avicena y Al-Farabi abordaron la naturaleza del vacío, argumentando que si Dios había creado el mundo desde la nada, entonces el vacío debía ser una realidad metafísica posible. Este pensamiento influyó, obviamente, en la teología islámica, pero aunque parezca extraño pudo haber facilitado la aceptación del cero en la matemática.

Algunas obras astronómicas, como las tablas de Al-Battani y Ulugh Beg, incluyen el cero en sus registros matemáticos, lo que muestra que, más allá de la filosofía, el cero ya era una herramienta indispensable en la observación del cosmos.

DEL MUNDO ISLÁMICO A EUROPA: EL PUENTE HACIA EL FUTURO

Como ha quedado patente, el sistema numérico que incluía el cero se consolidó en el mundo islámico. Pronto comenzaría a viajar hacia Occidente. A través de las rutas comerciales, los centros de traducción y la expansión de los reinos islámicos, el conocimiento matemático islámico cruzó las fronteras de Europa. Sin embargo, la difusión del cero no fue inmediata ni exenta de resistencias. Aunque su llegada marcó el comienzo de una transformación en la matemática europea, su aceptación fue un proceso lento y accidentado.

Este capítulo ha presentado cómo el cero floreció en el mundo islámico, integrándose en el álgebra y la astronomía. Ahora, es momento de observar cómo esa revolución intelectual se filtró a Occidente, una historia que culminará en el siguiente capítulo.

Si el conocimiento matemático islámico logró cruzar a Europa, fue en gran parte gracias a los territorios donde el mundo islámico y el cristiano estuvieron en contacto constante. Al-Ándalus y Sicilia se convirtieron en los principales puntos de entrada de las matemáticas islámicas en Europa.

Desde el siglo X, en ciudades como Córdoba y Toledo, los estudios científicos y filosóficos islámicos florecieron, generando un vasto cuerpo de conocimientos que superaba ampliamente el saber matemático disponible en la Europa cristiana de la época. La numeración posicional con el cero formaba parte de ese legado, utilizado en cálculos astronómicos y administrativos por los sabios islámicos.

En Sicilia, que pasó del dominio islámico al cristiano en el siglo XI, la influencia de los matemáticos árabes persistió. Durante los reinados normandos, se promovió la conservación y traducción de textos árabes, lo que permitió que parte del conocimiento matemático islámico llegara a Europa mucho antes de que se difundiera ampliamente.

Uno de los pioneros más curiosos de esta lenta transmisión fue Gerberto de Aurillac, quien llegó a ser papa con el nombre de Silvestre II en el año 999. Educado en monasterios del sur de Francia y con contactos documentados con centros de saber de la península ibérica, Gerberto fue probablemente el primer europeo cristiano que enseñó el uso del ábaco con numerales indoarábigos. Aunque su legado no cristalizó de inmediato, y el cero aún era visto con recelo, su figura representa un temprano esfuerzo por integrar el saber islámico en el pensamiento cristiano. No deja de ser irónico que un papa, símbolo del orden y la ortodoxia, fuese también uno de los introductores de un signo tan perturbador como el vacío.

Sin embargo, aunque estas ideas y técnicas matemáticas estaban disponibles en los centros de estudio europeos, su adopción no fue inmediata. Aún faltaba un paso crucial: la traducción y enseñanza de estos conocimientos a los intelectuales cristianos de la época.

Toledo, tras la Reconquista en 1085, se convirtió en el gran puente del saber entre el mundo islámico y Europa. Durante los siglos XII y XIII, esta ciudad albergó una de las iniciativas intelectuales más importantes de la Edad Media: la Escuela de Traductores de Toledo.

Bajo el mecenazgo de los reyes cristianos, y con la colaboración de eruditos árabes, judíos y cristianos, se llevó a cabo la traducción al latín de numerosos textos científicos islámicos. Fue aquí donde los europeos tuvieron su primer contacto sistemático con las matemáticas avanzadas desarrolladas en el mundo islámico.

Uno de los protagonistas de esta transferencia de conocimiento fue Gerardo de Cremona, quien en el siglo XII tradujo al latín obras fundamentales como las de Al-Juarismi, consolidando el sistema de numeración decimal en el mundo cristiano. A través de sus traducciones, los matemáticos europeos comenzaron a familiarizarse con el cero.

La labor de los traductores fue clave para que los conceptos matemáticos islámicos, entre ellos el uso del cero, fueran conocidos en los círculos intelectuales europeos. Sin embargo, el cambio de paradigma no se produjo de la noche a la mañana, como hemos repetido hasta la saciedad.

A pesar de su introducción en los manuscritos europeos, el cero y el sistema decimal enfrentaron resistencia en la Europa cristiana. Durante siglos, el sistema de numeración romano había dominado el cálculo en el mundo occidental. Los números romanos y el ábaco seguían siendo los métodos principales en el comercio y la administración, y la idea de reemplazarlos por un nuevo sistema no era aceptada con facilidad.

Más allá de la inercia cultural, también hubo desconfianza hacia los números indoarábigos. En el siglo XIII, algunas ciudades europeas incluso prohibieron su uso en los registros comerciales, argumentando que eran demasiado fáciles de falsificar en comparación con los números romanos.

Sin embargo, el carácter práctico del sistema decimal y la influencia de figuras como Fibonacci, quien en su *Liber Abaci* (1202) defendió el uso de los números indoarábigos, terminaron por abrir el camino a su aceptación.

La historia de cómo Europa terminó por adoptar el cero y la numeración decimal será el eje del próximo capítulo. Desde la resistencia inicial hasta su uso generalizado en la contabilidad, la ingeniería y las matemáticas, el viaje del cero a Occidente fue un proceso de transformación intelectual que cambiaría para siempre la forma en que el mundo concebía los números.

5

EL REGRESO DE CERO A OCCIDENTE

A finales de la Edad Media, Europa era un mosaico de ideas en disputa. El conocimiento clásico de los griegos aún dominaba las universidades, las ciudades florecían con el comercio y la Iglesia vigilaba con recelo cualquier concepto que desafiara su visión del mundo. En este contexto, el sistema numérico romano seguía siendo la norma. Es decir, letras y ábacos para hacer cálculos, métodos engorrosos para manejar las cuentas y un desprecio generalizado por todo lo que no viniera del legado latino. En medio de esta resistencia al cambio, un símbolo extranjero comenzaba a colarse entre los eruditos y mercaderes, un simple círculo con un significado perturbador: el cero.

Ya lo hemos visto: el problema del cero no era solo matemático, sino filosófico y teológico. Un número que representaba la nada resultaba desconcertante para una civilización que había heredado de Aristóteles la idea de que el vacío no podía existir. Para la escolástica medieval, todo en el universo debía tener un propósito divino, y la nada era una negación de la obra de Dios. Si el cero no representaba cantidad alguna, ¿no era, acaso, una aberración lógica? Los teólogos debatían su validez mientras los comerciantes, más prácticos, comenzaban a ver sus ventajas en la contabilidad.

La llegada del cero a Europa no fue una imposición repentina ni una revelación celebrada, sino un proceso lento y plagado de resistencias. Entró a través de las traducciones árabes en las ciudades de Al-Ándalus, Sicilia y el sur de Italia, se abrió paso en los tratados de matemáticos curiosos y, finalmente, encontró su principal aliado en la economía. Con la expansión del comercio y la necesidad de cálculos precisos, el cero se volvió una herramienta indispensable en los registros financieros, desafiando los prejuicios intelectuales de su época.

Este capítulo abordará el accidentado recorrido del cero hasta su aceptación en Occidente. Desde las primeras referencias en manuscritos medievales hasta su consolidación en la contabilidad y la revolución científica, veremos cómo un simple símbolo pasó de ser sospechoso a convertirse en la piedra angular del pensamiento matemático moderno.

LA PARADOJA DEL CERO EN EL PENSAMIENTO MEDIEVAL

La influencia de Aristóteles en la Europa medieval iba más allá de una cuestión filosófica, pues abarcaba el contexto educativo e institucional. Tomás de Aquino, el gran teólogo del siglo XIII, integró el pensamiento aristotélico en la doctrina cristiana, reforzando la idea de un universo pleno y con una estructura racionalmente comprensible. En las universidades medievales, el estudio de la naturaleza estaba basado en textos aristotélicos comentados por pensadores islámicos como Averroes y Avicena, quienes habían sistematizado su física. En este entorno, cualquier idea que sugiriera la existencia de la nada era vista con recelo, ya que implicaba cuestionar no solo a Aristóteles, sino también la estructura misma del conocimiento aceptado.

Esta mentalidad permeaba todas las disciplinas científicas medievales. En astronomía, el modelo geocéntrico de Ptolomeo no concebía el vacío, pues los planetas se movían en esferas de cristal que llenaban completamente el espacio. En física, la idea de un espacio sin materia contradecía la noción de que el movimiento requería un medio en el que ocurrir. Incluso en metafísica, la existencia de la nada era problemática, ya que entraba en conflicto con la doctrina cristiana de la creación divina, que veía el universo como una manifestación de la plenitud de Dios.

La incapacidad de aceptar el vacío dificultó enormemente la incorporación del cero en la matemática occidental. No se trataba solo de una cuestión técnica o numérica, sino de un choque cultural y filosófico. En este sentido, aceptar el cero implicaba aceptar que podía existir un espacio sin contenido, una cantidad sin valor, una ausencia que tenía significado propio. Y esto, en la Europa medieval, era una idea que pocos estaban dispuestos a tolerar.

La teología cristiana medieval otorgaba a la nada un papel exclusivo dentro del relato de la creación divina. Como ya vimos en un capítulo anterior, la doctrina de la creación *ex nihilo* (desde la nada) sostenía que solo Dios podía hacer surgir algo del vacío. La nada, en este contexto, no era un concepto neutro ni un simple estado previo a la existencia, sino un testimonio del poder absoluto de Dios. No podía entenderse como una entidad independiente, ni mucho menos como un objeto de estudio matemático.

Aquí es donde el cero se convertía en un problema. En el pensamiento medieval, los números eran manifestaciones del orden cósmico y tenían una fuerte carga simbólica: el 1 representaba la unidad divina, el 3 la Trinidad, el 7 la perfección espiritual... Pero el cero era un forastero en esta lógica. No contenía cantidad, no simbolizaba nada sagrado, no formaba parte del esquema teológico. Su sola existencia en el sistema numérico sugería una ausencia dentro de la creación, una idea perturbadora en una cosmovisión donde el universo debía estar lleno de sentido y propósito.

Más aún, la ausencia total de Dios era, en términos teológicos, el infierno, la separación absoluta de lo divino. Algunos pensadores llegaron a vincular el cero con el demonio, ya que representaba la negación del ser, el vacío absoluto. No es de extrañar que, en ciertos círculos religiosos, se viera con desconfianza su uso en cálculos matemáticos: ¿acaso no implicaba reconocer una nada real dentro del mundo creado? ¿No era una forma sutil de cuestionar la plenitud de la existencia?

Este rechazo no era solo teórico. En los monasterios medievales, donde los monjes copistas preservaban y transmitían el conocimiento, se mostraba cierto recelo hacia el cero. Su presencia en los textos matemáticos islámicos lo hacía aún más sospechoso. En algunos escritos cristianos medievales, la nada se consideraba la antítesis de la creación, por lo que introducir un símbolo que expresara ese vacío podía interpretarse como una falta de fe en la realidad tangible del mundo divino. Esta visión contribuyó a la lenta adopción del cero en Occidente, donde tuvo que abrirse paso no solo contra prejuicios filosóficos, sino también contra una estructura simbólica y religiosa que no tenía espacio para él.

EL ESCEPTICISMO MATEMÁTICO: ¿TENÍA EL ÁLGEBRA DERECHO A ACEPTAR EL CERO COMO NÚMERO?

Si la filosofía y la teología medievales veían con desconfianza el concepto del vacío, los matemáticos de la época no se quedaban atrás en su escepticismo hacia el cero. La herencia matemática de los griegos seguía siendo dominante en la Europa medieval, y en este esquema numérico el cero no tenía lugar. En el pensamiento matemático clásico, los números estaban ligados a proporciones y mediciones prácticas, y el cero, al no representar cantidad alguna, no encajaba en esta lógica. Surgen dos cuestiones inmediatas: ¿Proporción de qué?, ¿medida de qué?

Para los matemáticos medievales europeos, que heredaron esta tradición, la introducción del cero presentaba problemas que iban más allá de la simple notación. ¿Cómo podía sumarse o restarse algo que no tenía cantidad? En un mundo donde las matemáticas estaban al servicio de la geometría y la astronomía, ¿tenía sentido un número que no podía medirse ni representarse físicamente? La respuesta, durante siglos, fue un rotundo no.

El problema se agravaba porque el sistema de numeración romano, que aún se usaba ampliamente en Europa, no tenía un símbolo para el cero. La aritmética romana funcionaba sin él, lo que significaba que su introducción requería un cambio de paradigma en la manera de hacer cálculos. Para muchos matemáticos de la época, si la numeración romana había funcionado sin problemas durante siglos, ¿para qué cambiarla? Una condición muy humana que explica pausas en el progreso de la humanidad.

El pensamiento matemático medieval estaba dominado por la geometría euclidiana, la cual establecía que los números estaban ligados a magnitudes. Un número debía representar una longitud, un área o un volumen, algo tangible que pudiera demostrarse con reglas y compases. En este contexto, el cero no tenía representación en el espacio, un hecho que lo convertía en un concepto ajeno a la forma en que se entendían los números y la geometría del espacio mismo.

Este enfoque se reflejaba en el *Quadrivium*, el modelo de educación matemática medieval que incluía aritmética, geometría, música y astronomía, pero no el álgebra. Sin un sistema algebraico plenamente desarrollado, el cero no podía usarse como una herramienta simbólica dentro de ecuaciones o cálculos avanzados, lo que dificultó aún más su aceptación. Hasta que la revolución matemática del Renacimiento no trajo el álgebra como una disciplina central, el cero siguió siendo visto como una anomalía, más que como un número legítimo.

En conclusión, el escepticismo hacia el cero no se debió solo a razones filosóficas o religiosas, sino también a factores prácticos y conceptuales dentro de la propia matemática medieval. Su aceptación implicaba romper con siglos de tradición griega y romana, abandonar el dominio absoluto de la geometría y dar el primer paso hacia el desarrollo de un nuevo lenguaje matemático: el álgebra.

El miedo a lo indeterminado: el cero y los «problemas irresolubles»

Una de las cosas que más llaman la atención a los estudiantes de primeros cursos de los grados de Matemáticas y Física es el análisis de resolubilidad de un problema. Una o dos horas analizando un problema para dar una de estas dos respuestas:

1. El problema tiene solución.

2. El problema no tiene solución.

Ojo, si la respuesta es 1 (tiene solución), no significa estés dando la solución. Solo que el problema la tiene y que merece la pena invertir tiempo para buscarla. Si la respuesta es 2 (no tiene solución), tiramos la hoja y a otra cosa. El análisis de si un problema tiene solución antes de intentar resolverlo se formalizó en la matemática moderna con el desarrollo de la teoría de la incompletitud de Gödel (1931) y la teoría de la computabilidad de Turing (1936), aunque sus raíces se remontan al siglo XIX con los trabajos de Galois sobre la resolubilidad de ecuaciones.

Pero estamos en el contexto de la Edad Media, donde el ser humano no había llegado aún a este enfoque para decidir dónde invertir la energía. Era una cuestión de economía de los recursos temporales: ¿para qué perder el tiempo en lo que parece no llevar a ninguna parte? Si había algo que hacía al cero aún más perturbador que su significado filosófico o teológico, era su comportamiento impredecible en las matemáticas. Su simple existencia generaba una pregunta que desconcertaba a los matemáticos medievales: ¿qué sucede cuando se divide por cero? A diferencia de otros números, que seguían reglas claras y predecibles en las operaciones aritméticas, el cero abría la puerta a resultados contradictorios o aparentemente imposibles.

La división por cero no tenía sentido dentro de los términos matemáticos de la época. Si se seguían los patrones conocidos de la división, aparecían paradojas inquietantes:

- Si $10 \div 0$ era infinito, ¿implicaba que el cero podía generar cantidades infinitas?

- Si no tenía respuesta, ¿significaba que el cero no era un número válido para operar?

- ¿Podía algo sin cantidad dar lugar a un número sin límite?

Estas cuestiones representaban un desafío teórico y, al mismo tiempo, despertaban una profunda desconfianza en los círculos académicos y comerciales. Las matemáticas medievales se centraban en aplicaciones concretas como la contabilidad, la arquitectura y la astronomía, por lo que un número que conducía a cálculos sin sentido era percibido como un riesgo y una fuente de errores.

El temor al caos matemático llevó a muchos a rechazar el uso del cero en la práctica. Un número que generaba indeterminaciones y errores podía convertirse en un problema en ámbitos como la contabilidad y la administración. Si el comercio dependía de registros precisos, introducir un número que podía llevar a inconsistencias era visto como un riesgo innecesario.

Incluso cuando el cero empezó a ser aceptado en algunos contextos, su uso en operaciones matemáticas generaba confusión.

Al no haber consenso sobre cómo manejar la división por cero, los errores eran frecuentes, lo que reforzaba la idea de que el número podía traer más problemas de los que resolvía.

Este problema persistió durante siglos. No fue hasta el siglo XVII, con la llegada del cálculo diferencial de Newton y Leibniz, cuando se encontró una manera estructurada de trabajar con cantidades que tendían a cero. Solo entonces el cero dejó de ser visto como una anomalía peligrosa y pasó a convertirse en una herramienta clave en las matemáticas modernas.

El caso es que la división por cero fue una de las razones más prácticas por las que el cero tardó tanto en ser aceptado en Europa. Mientras que otros obstáculos estaban relacionados con el pensamiento filosófico o teológico, este problema era técnico y tangible, es decir, afectaba de manera directa al modo en el que se realizaban los cálculos y se gestionaban los números en la vida cotidiana.

Si los matemáticos medievales hubieran tenido las herramientas conceptuales para analizar la resolubilidad de un problema antes de intentar resolverlo, quizá habrían llegado antes a la conclusión de que la división por cero no solo era un callejón sin salida, sino también la clave para desarrollar una nueva forma de entender las matemáticas. Pero aún no estaban preparados para esa economía del tiempo.

EL CAOS EN LOS REGISTROS CONTABLES Y EL MIEDO AL FRAUDE

La llegada del cero a Europa suponía algo más que un reto para las ideas filosóficas y matemáticas establecidas. También representaba una amenaza para la práctica contable y comercial. La numeración romana, aunque poco eficiente para cálculos complejos, era el estándar en documentos administrativos y financieros. Su rigidez estructural tenía una ventaja clave: era difícil de manipular. Se trataba de un sistema donde cada número tenía una representación fija e inmutable (X siempre era 10, V siempre era 5), por lo que las cuentas y los registros comerciales eran más resistentes a alteraciones intencionadas o errores accidentales.

El sistema de cifras indoarábigas, incluyendo el cero, representaba un cambio radical. Su flexibilidad permitía realizar cálculos con mayor rapidez y precisión, pero al mismo tiempo generaba confusión entre aquellos acostumbrados a la notación romana. Una vez más la inercia a seguir con lo que ya se controla y el miedo al cambio no lo ponían fácil. No existía un estándar claro en la escritura del cero, lo que llevó a múltiples problemas. En manuscritos medievales, era común que el cero se confundiera con la letra «O» o con un simple punto, lo que generaba discrepancias en los balances. Además, su valor dependía de la posición en la cifra, algo que no ocurría en la numeración romana. Un cero mal colocado podía alterar drásticamente el significado de una cantidad, y esto hacía que los errores fueran frecuentes en los primeros intentos de adopción.

Ante estas dificultades, algunos contadores y mercaderes optaron por evitar el uso del cero en sus libros de cuentas. En lugar de arriesgarse a cometer errores o a malinterpretaciones, seguían usando la numeración romana para los registros oficiales y solo recurrían al sistema indoarábigo en cálculos auxiliares. Sin una uniformidad en su uso, su integración en la contabilidad se ralentizó considerablemente.

Más allá de la confusión, el cero fue visto como una herramienta peligrosa en términos de fraude y manipulación financiera. Su facilidad para ser modificado en los manuscritos de la época lo convertía en un blanco perfecto para falsificaciones. Un pequeño trazo adicional podía transformar un 0 en un 6, un 9 o un 8, alterando cifras clave en contratos, balances comerciales o cobros de impuestos. Este riesgo era inaceptable para muchos administradores y comerciantes.

Un caso destacado es el de Florencia en 1299, donde se emitió una prohibición explícita contra el uso de números indoarábigos en los libros de cuentas de los banqueros locales. La razón principal era que la numeración romana ofrecía mayores garantías de autenticidad y seguridad en las transacciones financieras. Se temía que la flexibilidad del nuevo sistema facilitara la adulteración de registros, permitiendo borrar o alterar valores de manera imperceptible. Esta desconfianza no se limitó a Florencia; en otras regiones de Europa, las autoridades optaron por mantener la numeración romana en los registros administrativos para evitar problemas de interpretación y posibles manipulaciones.

La falta de estandarización en la escritura de los números indoarábigos también contribuyó a la confusión y al rechazo inicial. La ausencia de un sistema uniforme en la representación de estas cifras aumentaba el riesgo de errores en los registros contables, lo que reforzaba la preferencia por la numeración romana en contextos oficiales y comerciales. No fue hasta que los banqueros y comerciantes estandarizaron el uso del cero en sus libros de cuentas que el nuevo sistema pudo imponerse.

Desconfianza en los métodos árabes

El sistema de numeración indo-arábigo no solo representaba un cambio técnico, sino que también cargaba con el estigma de su procedencia. En los reinos cristianos, especialmente en la península ibérica, los textos matemáticos árabes encontraron resistencia inicial, pese a contener avances innegables. Durante siglos, la educación matemática europea se había basado en fuentes latinas y en la rigidez de la numeración romana, por lo que adoptar símbolos y métodos llegados del mundo islámico no era solo una cuestión de utilidad, sino de identidad cultural.

La desconfianza se extendía también a los círculos comerciales, donde, aunque algunos mercaderes comenzaron a usar las cifras indo-arábigas en cálculos internos, las instituciones oficiales tardaron en aceptarlas. El cero, con su particularidad de representar la nada, resultaba aún más extraño dentro de este contexto, lo que contribuyó a su lenta integración en el sistema contable europeo.

Este panorama comenzó a cambiar con el tiempo, pero no sin resistencia. Aunque algunos eruditos empezaron a reconocer la ventaja del nuevo sistema, su incorporación definitiva necesitaba una figura capaz de traducir su utilidad al contexto europeo. Ese papel lo desempeñaría un matemático que marcaría un antes y un después en la historia del cero: Leonardo de Pisa, más conocido como Fibonacci.

Fibonacci: el matemático que cambió el juego

Leonardo de Pisa, conocido como Fibonacci, nació alrededor de 1170 en la ciudad de Pisa, un próspero centro comercial en la Italia medieval. Su padre, Guglielmo Bonacci, era un comerciante que trabajaba en el puerto de Bugía, en el actual Argelia. Gracias a esta conexión, Fibonacci tuvo la oportunidad de viajar por el Mediterráneo y entrar en contacto con el sistema numérico que utilizaban los mercaderes musulmanes.

En Bugía, Fibonacci estudió matemáticas con maestros árabes y descubrió el sistema de numeración indoarábigo, basado en diez símbolos y con el cero como elemento fundamental. Este método permitía realizar cálculos con mayor rapidez y precisión que la numeración romana, que seguía dominando en Europa. Fascinado por su eficiencia, Fibonacci continuó aprendiendo en sus viajes a Egipto, Siria, Grecia y Constantinopla, donde recopiló conocimientos de distintas tradiciones matemáticas.

Convencido de que Europa necesitaba modernizar su sistema de cálculo, escribió en 1202 el *Liber Abaci*, una obra que

Representación del retrato de Fibonacci, con base en las creaciones
pictóricas existentes.

buscaba explicar la utilidad del sistema decimal y enseñar su
aplicación en el comercio. En el prólogo, Fibonacci dejó clara
su intención:

> Al estudiar el método de los hindúes, descubrí maravillas de
> las cuales no había oído antes. Por ello, decidí compartir este
> conocimiento con aquellos que se dedican a los números.

El *Liber Abaci* fue una herramienta clave para los mercaderes europeos, que encontraron en el sistema indoarábigo una

manera más eficiente de manejar sus transacciones. La conversión de monedas, el cálculo de intereses y la contabilidad resultaban mucho más simples con este método. A pesar de sus ventajas y como ya hemos visto, la numeración romana siguió vigente en la administración y los registros oficiales durante siglos, lo que retrasó la adopción completa del nuevo sistema.

No obstante, la figura de Fibonacci fue esencial en la difusión del sistema decimal en Europa. Su papel no se limitó a la teoría matemática, pues también influyó en el comercio y la contabilidad. Su legado preparó el camino para el Renacimiento y la expansión definitiva del sistema de numeración que hoy utilizamos.

El *Liber Abaci* y la introducción del sistema decimal

El *Liber Abaci* fue un tratado destinado a mostrar la eficacia del sistema de numeración indoarábigo frente a los métodos utilizados en Europa. Su título, que significa «El libro del ábaco», podría sugerir que trataba sobre el uso del ábaco, pero en realidad la obra presentaba un enfoque completamente distinto. Fibonacci no buscaba enseñar el cálculo con instrumentos tradicionales, sino introducir un método numérico revolucionario basado en el sistema decimal. Su objetivo era que mercaderes y administradores europeos comprendieran la ventaja del nuevo sistema en cálculos comerciales y financieros. Aunque estaba dirigido principalmente a quienes realizaban transacciones y registros contables, el libro también abordaba problemas matemáticos avanzados y explicaba algoritmos que mejoraban la precisión de los cálculos.

Uno de los elementos clave del *Liber Abaci* era la explicación del sistema posicional decimal, en el que cada número tenía un valor determinado por su posición dentro de una cifra. Este sistema permitía representar cantidades grandes de manera sencilla y hacer cálculos de forma más eficiente. Fibonacci detalló el papel del cero como marcador de posición, un concepto que no existía en la numeración romana. Con el sistema indoarábigo, era posible escribir números como 207 sin ambigüedades, mientras que en el sistema romano habrían sido necesarios símbolos adicionales o indicaciones que complicaban la escritura y la interpretación.

Como ya hemos mencionado, la numeración romana carecía de un sistema posicional, lo que la hacía poco práctica para realizar operaciones aritméticas. En el *Liber Abaci*, Fibonacci comparó la facilidad de los cálculos con el sistema decimal frente a la rigidez del sistema romano. La multiplicación era una de las operaciones que más evidenciaba esta diferencia.

Por ejemplo, si se quería calcular XVII × XXIII (17 × 23), no se podía aplicar un algoritmo mecánico como hacemos hoy con el sistema decimal. Los matemáticos y comerciantes medievales tenían que recurrir a métodos alternativos, como los siguientes:

- Uso del ábaco o tableros de cálculo: se representaban las cantidades con fichas en un tablero, y las operaciones se realizaban moviendo las fichas para representar sumas y multiplicaciones. Este método permitía hacer cálculos más rápidos, pero era más laborioso y no tan preciso como el sistema decimal.

- Descomposición mediante sumas repetidas: este es el método egipcio de multiplicación, en el que el número más pequeño (en este caso 17) se descomponía en una serie de sumas repetidas del número mayor (23). Se doblaban los números sucesivamente, y luego se sumaban las duplicaciones relevantes para llegar al resultado final.

- Multiplicación por duplicación: un método similar al anterior, donde se multiplicaba por 2 repetidamente para llegar al número deseado, y luego se combinaban los resultados. Este método requería una serie de pasos manuales de duplicación y suma, lo que hacía el proceso más largo y propenso a errores.

Vamos a ver dos de estos métodos con detalle y luego los compararemos con la impecable aportación de Fibonacci.

LA EFECTIVIDAD DEL ÁBACO

El ábaco es un sistema manual de cálculo que permite representar números mediante fichas en un tablero. Para realizar una multiplicación, se mueven las fichas para representar las sumas de productos parciales. Aunque el proceso es largo, es una ilustración clara de cómo se gestionaban las operaciones en la Edad Media.

Los pasos para multiplicar 17 × 23 son representar ambos números y realizar los productos de unidades por unidades (da unidades), unidades por decenas (da decenas) y decenas por decenas (da centenas).

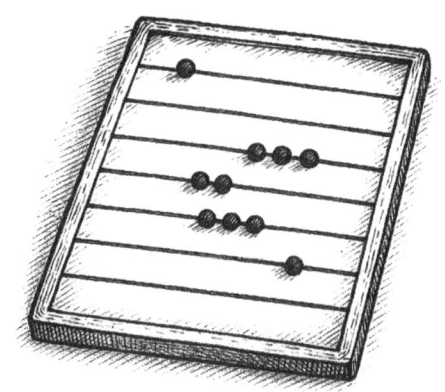

DALL·E / Autor

Representación de un ábaco de líneas medieval,
como los usados en tiempos de Fibonacci.

Paso 1. Representación de 17 y 23 en el ábaco:

- En el ábaco, representamos 17 como 1 decena y 7 unidades.
- Representamos 23 como 2 decenas y 3 unidades.

Paso 2. Multiplicamos las unidades de 17 (7) por las unidades de 23 (3):

- Esto da: 7×3=21.
- No debemos representar 21 cuentas del ábaco sobre las unidades. Serían 20 + 1, es decir, ponemos 2 cuentas en las decenas y 1 cuenta en las unidades. Nos quedamos con esto en la memoria.

Paso 3. Multiplicamos las decenas de 17 (1) por las unidades de 23 (3):

- Esto da: 1×3=3
- Se representa 3 cuentas en las decenas. Nos quedamos con esto en la memoria.

Paso 4. Multiplicamos las unidades de 17 (7) por las decenas de 23 (2):

- Esto da: 7×2=14
- No debemos representar 14 cuentas del ábaco sobre las decenas. Serían 10 + 4, es decir, ponemos 1 cuenta en las centenas y 4 cuentas en las decenas. Nos quedamos con esto en la memoria.

Paso 5. Finalmente, multiplicamos las decenas de 17 (1) por las decenas de 23 (2):

- Esto da: 1×2=2
- Se representan 2 cuentas en las centenas. Nos quedamos con esto en la memoria.

PASO 6. Ha llegado el momento de hacer el recuento de todo lo que habíamos guardado en la memoria:

- Unidades: 1

- Decenas: 2 + 3 + 4 = 9

- Centenas: 1 + 2 = 3

PASO 7. La solución será, por tanto, 391.

LA ORIGINALIDAD DE LA MULTIPLICACIÓN EGIPCIA

Los antiguos egipcios ya usaban métodos ingeniosos para multiplicar sin recurrir a tablas o algoritmos como los actuales. Uno de ellos, documentado en el ya mencionado Papiro Rhind, se basaba en la duplicación y suma de términos, lo que hoy conocemos como «multiplicación egipcia». Este método se basa en duplicar un número y sumar los resultados correspondientes. En lugar de multiplicar directamente, usamos la suma repetida de duplicaciones.

Los pasos para multiplicar 17 × 23 son los que siguen.

1. Escribimos los números 17 y 23.

2. Descomponemos 23 (número grande) en su forma binaria:

   - 23=16+4+2+1

   - Esto significa que el número 23 se descompone en 16 (2^4), 4 (2^2), 2 (2^1) y 1 (2^0).

3. Ahora, multiplicamos 17 por cada una de las potencias de 2 que componen 23.

   - 17×16=272

   - 17×4=68

- $17 \times 2 = 34$

- $17 \times 1 = 17$

4. Ahora que hemos seleccionado las multiplicaciones correspondientes a las potencias de 2, las sumamos para obtener el resultado: $272+68+34+17=391$

5. Resultado:

   - El resultado de 17×23 usando el método de multiplicación egipcia es 391.

LA REVOLUCIÓN DEL MÉTODO DE FIBONACCI PARA LA MULTIPLICACIÓN

En su *Liber Abaci*, Fibonacci presentó un método radicalmente más eficiente para realizar multiplicaciones, especialmente en comparación con los métodos tradicionales como la multiplicación por duplicación o el uso del ábaco. Al introducir el sistema decimal y el cero en Europa, Fibonacci no solo aportó un sistema numérico superior, sino que también revolucionó la manera en que los mercaderes y matemáticos europeos realizaban cálculos complejos.

Tomemos, una vez más, el ejemplo de 17×23, que ilustra cómo el nuevo sistema se aplica de manera práctica y rápida. Paso a paso.

1. Escribir los números en el sistema decimal:

   - 17 y 23 son ambos números escritos en el sistema indoarábigo, lo que implica que cada cifra tiene un valor según su posición (decenas, unidades, etc.).

2. Descomponer la multiplicación de manera sencilla. Fibonacci propuso un método basado en distribuir los

términos y aplicar las propiedades distributivas de la multiplicación.

- En lugar de hacer la multiplicación manualmente, se descompone la multiplicación de la siguiente forma: $17\times23=(10+7)\times(20+3)$
- Esto se puede expandir utilizando la propiedad distributiva: $17\times23=(10\times20)+(10\times3)+(7\times20)+(7\times3)$

3. Realizar las multiplicaciones parciales:

- $10\times20=200$
- $10\times3=30$
- $7\times20=140$
- $7\times3=21$

4. Sumar los resultados parciales: $200+30+140+21=391$

5. Resultado:

- El resultado de 17×23 usando el método posicional de descomposición de Fibonacci es 391.

Este método de descomposición era revolucionario porque eliminaba la necesidad de largas cadenas de cálculos complejos y simplificaba la multiplicación a una serie de sumas y multiplicaciones simples. A través de esta técnica, Fibonacci aprovechó las propiedades del sistema decimal, que permitían realizar operaciones de manera más fluida y sin errores de interpretación que los métodos antiguos.

Fibonacci ilustró en su obra cómo la suma, resta, multiplicación y división resultaban más intuitivas y rápidas con este nuevo sistema. Su propuesta, sin embargo, no fue aceptada de inmediato. Pero ya lo has leído: a pesar de sus ventajas, el sistema decimal tardó siglos en reemplazar por completo la numeración romana en documentos administrativos y en el ámbito académico. Sin embargo, los comerciantes, quienes necesitaban hacer cálculos precisos con rapidez, fueron los primeros en adoptar el nuevo método, impulsando su difusión progresiva.

En el sistema indoarábigo, el cero juega un papel crucial, especialmente cuando se realiza una división larga. Sin el cero, las divisiones de números grandes no serían posibles de realizar con la misma facilidad, ya que este actúa como un marcador posicional para hacer que las operaciones sean más fáciles de entender.

SUMA Y RESTA EN EL SISTEMA INDOARÁBIGO VS. EL ROMANO

El método de Fibonacci para la multiplicación, basado en la descomposición y la simplificación de las operaciones, no solo se aplicaba a multiplicaciones, sino que también era útil para sumas y restas. Gracias a su sistema posicional, el sistema indoarábigo facilita enormemente las operaciones aritméticas, permitiendo realizar cálculos de manera rápida y eficiente. En contraste, el sistema romano, al no ser posicional, se volvía más complicado, especialmente al tratar con números grandes, y requería pasos adicionales que incrementaban el riesgo de errores.

EJEMPLO: 127 + 389

1. SISTEMA ROMANO. La suma en el sistema romano sería mucho más complicada debido a la necesidad de traducir cada número a su forma romana:

   • 127 sería CXXVII.

   • 389 sería CCCLXXXIX.

- Para sumarlos, habría que escribir ambos números, desglosarlos en centenas, decenas y unidades, y luego recomponer el resultado. Este proceso, aunque realizable, era muy laborioso y tendente a errores, sobre todo con números grandes.

2. SISTEMA INDOARÁBIGO. En el sistema indoarábigo, la suma es mucho más directa. Colocamos los números uno debajo del otro y sumamos columna por columna de derecha a izquierda:

$$
\begin{array}{r}
127 \\
+389 \\
\hline
516
\end{array}
$$

La operación es mucho más sencilla y rápida, ya que no es necesario preocuparse por el orden ni por la conversión de símbolos, facilitando enormemente el cálculo.

USO DE FRACCIONES EN *LIBER ABACI*

En el *Liber Abaci*, Fibonacci introduce el concepto de fracciones unitarias, aquellas cuyo numerador es 1 (como 1/2, 1/3, 1/4, etc.). Estas fracciones fueron muy útiles en el comercio para dividir unidades de medida y calcular proporciones de precios. Al igual que con las sumas y restas, el sistema indoarábigo, con el cero en su lugar, hacía más sencillo trabajar con fracciones en cálculos comerciales, ya que permitía representarlas de manera clara y ordenada. Fibonacci también explicó cómo convertir fracciones simples en decimales, lo que facilitaba aún más los cálculos. Para entender el valor de este sistema, basta comparar cómo se manejaban las fracciones antes de su introducción y cómo cambiaron después:

1. FRACCIONES ROMANAS. En la Roma antigua, las fracciones se representaban de manera compleja, principalmente usando fracciones duodecimales (divisiones en doce partes). Por ejemplo, 1/12 sería *uncia*, y 1/2 sería *semis*. Estas fracciones eran difíciles de manejar en cálculos comerciales, ya que requerían conversiones manuales y no tenían un sistema universal para su uso.

2. FRACCIONES UNITARIAS DE FIBONACCI. El sistema de fracciones unitarias de Fibonacci simplificaba enormemente las operaciones. Por ejemplo, al dividir un florín (unidad de moneda) en mitades o tercios, el sistema indoarábigo facilitaba las divisiones de manera clara y práctica, sin la necesidad de recurrir a fracciones complicadas como las romanas. Este sistema hacía los cálculos mucho más sencillos y rápidos, lo cual era crucial para los mercaderes, ya que facilitaba el comercio y la banca.

APLICACIONES EN EL COMERCIO Y LA BANCA: EL PODER FINANCIERO DE FIBONACCI

El sistema decimal que Fibonacci presentó en *Liber Abaci* fue mucho más que una mejora en la notación matemática: permitió transformar las prácticas comerciales y bancarias de la época, gracias a su estructura posicional. En este sistema, el cero juega un papel crucial, aunque no se mencione explícitamente en cada ejemplo, su influencia es evidente. El cero, al ser un marcador de posición, hace posible que los números se gestionen con gran precisión y eficiencia, eliminando la ambigüedad que presentaban los sistemas anteriores, como el romano.

Para entender mejor cómo esta transformación se materializó en la práctica, basta observar dos ámbitos clave en los que el sistema indoarábigo —y especialmente el cero— demostraron ser herramientas revolucionarias: la conversión de monedas y el cálculo de intereses

1. CONVERSIÓN DE MONEDAS Y MEDIDAS. Fibonacci introdujo el sistema decimal para algo más que facilitar cálculos básicos, pues también proporcionó una herramienta crucial para el comercio medieval: la conversión eficiente de monedas y medidas. Antes de la adopción del sistema indoarábigo, los mercaderes europeos se enfrentaban a una serie de problemas al intentar convertir valores entre monedas de distintos países, debido a la complejidad de los sistemas numéricos utilizados. Los romanos, por ejemplo, no contaban con un sistema posicional que permitiera una conversión sencilla y precisa.

2. CÁLCULO DE INTERESES Y PRÉSTAMOS. El concepto de interés compuesto, que Fibonacci introdujo, era otra de las grandes revoluciones que traía consigo el sistema indoarábigo. Al usar este sistema, se facilitaba enormemente el cálculo de los intereses que los prestamistas y comerciantes debían cobrar, ya que el cero y la estructura posicional permitían trabajar con decimales y realizar operaciones con un alto grado de exactitud. Sin el cero, los cálculos de intereses compuestos serían muy difíciles, ya que no existía un método eficiente para trabajar con cifras decimales.

   Fibonacci mostró cómo la fórmula básica del interés compuesto podía aplicarse a un préstamo utilizando la notación decimal y cómo esta fórmula permitía calcular montos finales de manera mucho más precisa:

$$A = P(1 + r)^t$$

donde A es la cantidad final, P el capital inicial, r la tasa de interés y t el tiempo. Sin el sistema decimal, los comerciantes medievales habrían tenido que recurrir a sistemas mucho más complicados, que no permitían realizar este tipo de cálculos de manera eficiente.

El sistema decimal, con su cero como elemento central, fue el motor que cambió la forma en que se realizaban las transacciones financieras. Con él, la banca comenzó a adoptar métodos de cálculo mucho más rápidos y eficientes, fundamentales para el crecimiento del comercio y las finanzas. Los banqueros de Florencia, Venecia y otras ciudades italianas empezaron a aplicar los métodos descritos en *Liber Abaci*, lo que permitió un avance significativo en las prácticas bancarias y comerciales de la Europa medieval.

LA FAMOSA SUCESIÓN DE FIBONACCI: EL CERO OCULTO

La sucesión de Fibonacci es una de las contribuciones más conocidas de Fibonacci en su obra *Liber Abaci*. En ella, cada número es la suma de los dos anteriores, comenzando desde 1 y 1:

$$F_n = F_{n-1} + F_{n-2}$$

Con $F_1 = 1$ y $F_2 = 1$, la sucesión se desarrolla como:
1, 1, 2, 3, 5, 8, 13, 21, 34, 55, 89,...

¿Y por qué esta sucesión es tan importante? La sucesión tiene aplicaciones en naturaleza, biología y arte, entre otras disciplinas. Se observa en la distribución de hojas en plantas, en la estructura de las piñas o en la forma de la espiral de ciertas conchas marinas.

Fibonacci la introdujo no solo como una curiosidad matemática, sino como una forma de representar la progresión en una serie numérica donde cada valor depende de los dos anteriores. Aunque la secuencia no depende explícitamente del cero, el sistema decimal con cero permitió representar y realizar cálculos con estos números de forma más precisa.

Al igual que con otros cálculos que Fibonacci introdujo, el sistema decimal y el cero son cruciales para trabajar con grandes números en la sucesión de Fibonacci. Sin el sistema posicional decimal, las representaciones de números tan grandes serían engorrosas y propensas a errores, algo que se evitaba gracias a la claridad que ofrece el uso del cero como separador de las unidades.

Un ejemplo especialmente sugerente del legado de Fibonacci es la relación entre su famosa sucesión y la proporción áurea. Aunque pueda parecer un detalle curioso, es en realidad una conexión profunda entre el cálculo y la armonía. Si tomamos dos números consecutivos de la sucesión de Fibonacci —por ejemplo, 21 y 34— y dividimos el mayor entre el menor, obtenemos un resultado cercano a 1,618. Y si seguimos avanzando en la secuencia, este cociente se va afinando cada vez más, aproximándose a una constante que ha fascinado a matemáticos, artistas y arquitectos durante siglos: la proporción áurea.

$$\lim_{n \to \infty} \frac{F_n}{F_{n-1}} = \varphi \approx 1,618$$

Esta proporción, también conocida como número áureo o divina proporción, aparece en estructuras naturales como las espirales de los girasoles, las conchas de los nautilos o la disposición de las hojas en una rama. Que una simple secuencia de sumas sucesivas lleve de forma natural hacia esta proporción es una muestra de cómo, gracias a herramientas matemáticas como las que introdujo Fibonacci, la lógica del comercio y la belleza del mundo comenzaron a hablar un mismo lenguaje.

EL PAPEL DE FIBONACCI EN LA EDUCACIÓN Y SU LEGADO EN EUROPA

El impacto de Fibonacci en la educación matemática medieval fue sutil pero determinante. Aunque su *Liber Abaci* no se convirtió en un texto académico oficial en su tiempo, su difusión a través de mercaderes, contables y matemáticos independientes transformó la manera en que se enseñaban los números y el cálculo en Europa. Las universidades tardaron en adoptarlo, atadas a la tradición escolástica y la numeración romana, pero en las ciudades comerciales, donde la precisión en las cuentas era vital, la utilidad del sistema decimal y del cero se hizo evidente.

Aunque la influencia del *Liber Abaci* fue inmediata en los círculos comerciales de Italia, la adopción del sistema decimal no fue uniforme en toda Europa. En Venecia y Génova, su utilidad para el comercio marítimo aceleró su aceptación, mientras que en regiones como Inglaterra o el Sacro Imperio Romano Germánico, el sistema romano y el uso del ábaco persistieron durante más tiempo, resistiéndose a la transición. Un factor clave en esta expansión fue la conexión entre matemáticos y mercaderes. Ciudades como Barcelona y Brujas, nodos comerciales de primer nivel, sirvieron como puentes entre el Mediterráneo y el norte de Europa, facilitando la introducción de los nuevos métodos de cálculo.

Con el tiempo, la enseñanza de las matemáticas comenzó a depender menos del ábaco y más del cálculo escrito, un cambio que preparó el terreno para la revolución científica del Renacimiento. No es casualidad que, dos siglos después, matemáticos como Luca Pacioli tomaran el testigo de Fibonacci para formalizar la contabilidad de partida doble, un sistema aún vigente en la economía moderna. Sin embargo, no fue hasta la proliferación de escuelas de aritmética en el siglo xv que la numeración posicional con cero comenzó a desplazar definitivamente los sistemas tradicionales en la educación y la contabilidad europea. Más que un simple compilador de conocimientos árabes, Fibonacci marcó un punto de inflexión: convirtió el cálculo en una herramienta de conocimiento estructurado, abriendo la puerta a la matemática moderna.

El impacto del sistema decimal en la ciencia medieval

La adopción del sistema decimal transformó los cálculos científicos en la Europa medieval, especialmente en astronomía y en la medición del tiempo. Antes de su difusión, los astrónomos europeos trabajaban con sistemas heredados de los griegos y romanos, basados en fracciones sexagesimales que dificultaban la precisión en los cálculos. La introducción del cero y la notación posicional facilitó la elaboración de tablas astronómicas más exactas, esenciales para la predicción de eclipses y la navegación.

Uno de los primeros en aprovechar algunas de estas ventajas fue Richard de Wallingford, monje y matemático inglés del siglo XIV, conocido por la construcción de su complejo reloj astronómico. Aunque el sistema decimal aún no se había impuesto plenamente en Europa, Wallingford empleó ciertos principios asociados a la numeración indoarábiga, como el valor posicional y el uso de cálculos en base diez, en el diseño de su mecanismo. Este avance, que combinaba la medición del tiempo con el movimiento de los astros, marcó una transición clave en la Europa medieval, donde comenzaban a difundirse nuevas formas de cálculo más precisas, allanando el camino para los desarrollos matemáticos del Renacimiento.

El impacto del sistema decimal en la ciencia medieval no se detuvo en la astronomía o la medición del tiempo. A medida que su uso se afianzó en Europa, sus principios sentaron las bases para avances que transformarían la matemática en los siglos siguientes. Desde los cálculos algebraicos hasta la geometría analítica de Descartes y el desarrollo del cálculo por Newton y Leibniz, la presencia del cero y la notación posicional se convirtieron en herramientas indispensables para el pensamiento matemático moderno. Lo que comenzó como una innovación comercial en la Edad Media terminó por definir el lenguaje mismo de la ciencia, llevando la relación entre el cero y el infinito al centro de las matemáticas contemporáneas.

6

CERO E INFINITO: UNA DUALIDAD MATEMÁTICA

E l cero y el infinito han desconcertado a matemáticos y filósofos durante siglos. Su aparente oposición es solo una ilusión: el infinito puede concebirse como una acumulación inacabable de ceros, mientras que el cero representa el límite de lo infinitamente pequeño. El infinito invertido y con la ilusión de ser número. Esta conexión, lejos de ser intuitiva, ha sido clave en la evolución del pensamiento matemático. Desde las primeras nociones de infinito en las culturas antiguas hasta las sofisticadas formulaciones del cálculo moderno, ambos conceptos han recorrido un camino de aceptación, rechazo y reformulación constante.

En el siglo xix, Augustin-Louis Cauchy introdujo una formalización rigurosa de esta relación. Definió las cantidades infinitesimales como variables cuyo límite es cero, algo que proporcionó estructura al cálculo diferencial en una base matemática sólida. Su trabajo desplegó el puente definitivo entre el infinito y el cero, estableciendo un marco en el que ambos conceptos pudieran manipularse sin caer en paradojas filosóficas. La teoría de límites, resultado de esta formulación, permitió

John Wallis, entre el cero y el infinito: el matemático que dio forma al símbolo eterno.

domesticar la infinitud y sentó las bases para el desarrollo del análisis matemático moderno.

Más allá de las matemáticas, la relación entre el cero y el infinito ha alcanzado el ámbito de la física y la cosmología. En la teoría de la relatividad, la idea de lo infinitamente grande aparece en la expansión del universo, mientras que el cero se manifiesta en las singularidades gravitacionales. En la mecánica cuántica, el vacío absoluto no es realmente un vacío. Aunque sea contraintuitivo, el vacío está lleno de fluctuaciones cuánticas, es decir, es un «lugar» donde aparecen y desaparecen partículas de manera impredecible. Así, la relación entre estos dos conceptos no es solo un juego matemático, sino un principio fundamental que describe la estructura del universo.

El camino hacia la comprensión del cero y el infinito ha estado plagado de resistencias y revoluciones. Durante siglos, las culturas antiguas rechazaron el cero por su carácter disruptivo, y el infinito fue considerado una abstracción peligrosa. Sin embargo, con el desarrollo del cálculo y la teoría de conjuntos, estas ideas pasaron de ser incómodas paradojas a herramientas indispensables. Hoy, el infinito y el cero siguen siendo fuente de debate y exploración en campos como la física teórica, la informática y la cosmología, una muestra de que su misterio no ha sido completamente resuelto.

En este capítulo abordaremos la historia de esta dualidad, desde los primeros intentos por definir lo ilimitado hasta su impacto en las matemáticas y la ciencia moderna. Descubriremos cómo el cero y el infinito, lejos de ser opuestos, son en realidad dos caras de una misma moneda, fundamentales para la construcción del pensamiento científico y la comprensión de la realidad.

La incomodidad del infinito en las matemáticas antiguas

Desde tiempos remotos, el infinito ha sido un concepto que ha despertado recelo en las matemáticas, de manera similar al rechazo inicial del cero en muchas culturas. Mientras que la idea del vacío absoluto generaba inquietud porque sugería la ausencia total de contenido, el infinito planteaba un desafío de otra naturaleza. Hablamos de la imposibilidad de abarcarlo y definirlo dentro de los sistemas matemáticos antiguos. En las primeras civilizaciones, los números se concebían como herramientas para contar y medir cantidades finitas, por lo que la noción de algo sin límite resultaba difícil de integrar en sus estructuras numéricas. Incluso inútil. Mientras el cero negaba la idea de existencia misma al representar «nada», el infinito amenazaba la estabilidad del pensamiento matemático al carecer de una magnitud delimitable.

Una diferencia clave entre ambos conceptos radica en la manera en que fueron percibidos filosóficamente. El vacío se asociaba con la inexistencia y, en muchas culturas, con una idea de caos o imposibilidad. En cambio, el infinito no era tanto la ausencia de algo, sino la prolongación interminable de una cantidad, ya sea en el espacio, el tiempo o la cantidad de elementos de un conjunto. A diferencia del cero, que en algunas tradiciones fue rechazado por ser visto como una anomalía dentro de los números, el infinito era reconocido en diversos contextos —como la noción de un universo sin límites o el crecimiento ilimitado de los números—, pero sin que se le permitiera entrar en el ámbito de la matemática formal. Su existencia era admitida en lo abstracto, pero sin definirlo numéricamente.

En las civilizaciones antiguas, el infinito fue más un problema filosófico que una cuestión matemática. En la India, se abordó desde una perspectiva especulativa, con ideas sobre ciclos infinitos de tiempo y la posibilidad de dividir una cantidad sin límite. En Grecia, los filósofos debatieron su existencia sin llegar a formalizarlo en términos operacionales. Pitágoras y sus seguidores, que concebían los números como entidades con significado propio, evitaban el infinito por considerarlo incompatible con un sistema basado en proporciones y armonía. Incluso en el ámbito de la astronomía, donde se asumía que los cuerpos celestes podían extenderse más allá de lo conocido, el infinito era tratado con precaución, más como una suposición teórica que como un principio demostrable. No fue hasta el desarrollo del cálculo en la era moderna cuando el infinito comenzó a ser tratado de manera rigurosa, pero hasta entonces, su mera mención bastaba para generar controversias en el pensamiento matemático y filosófico.

Aristóteles desempeñó un papel fundamental en la manera en que el pensamiento occidental abordó la noción del infinito. En su obra *Física* y en otros tratados filosóficos, estableció una distinción que marcaría el desarrollo de la matemática durante siglos: la diferencia entre el infinito potencial y el infinito actual. Según Aristóteles, el infinito potencial era aquel que nunca se alcanzaba por completo, pero que podía ser recorrido indefinidamente. Un ejemplo de esto es la idea de que siempre se puede agregar un número más en una sucesión numérica o que cualquier segmento de línea puede dividirse en partes más pequeñas sin límite. En cambio, el infinito actual implicaba la existencia de una cantidad infinita ya dada y completa, algo que Aristóteles rechazaba rotundamente, pues le parecía incompatible con su visión del universo finito y ordenado.

Esta distinción aristotélica tuvo profundas consecuencias en la evolución de la matemática griega y, por extensión, en el desarrollo de la matemática europea hasta el Renacimiento. Como el infinito actual era considerado inaceptable, los matemáticos griegos evitaron usarlo en sus formulaciones, lo que limitó la posibilidad de trabajar con magnitudes infinitas de manera directa. Por ejemplo, en la geometría euclidiana, una línea podía extenderse indefinidamente, pero nunca se concebía como una entidad infinitamente larga en sí misma. De igual manera, aunque los números podían crecer sin límite, los griegos no concebían un número infinito dentro de su sistema numérico. El infinito era visto como una idea útil para describir procesos, pero no como una cantidad matemática manipulable.

Sin embargo, Aristóteles no fue el primero en enfrentarse al problema del infinito. Este aspecto ya lo habíamos visitado en capítulos anteriores. Un siglo antes, Zenón de Elea había formulado una serie de paradojas que cuestionaban la posibilidad del movimiento y la divisibilidad infinita del espacio. Sus argumentos filosóficos ponían en jaque la concepción intuitiva de la continuidad y sugerían que el infinito conducía a contradicciones insalvables. Aunque sus paradojas no fueron concebidas como problemas matemáticos en su época, evidenciaban la necesidad de una teoría rigurosa para tratar con sumas infinitas y el cálculo del cambio.

Una de sus paradojas más célebres es la de Aquiles y la tortuga. En esta, Zenón propone que si el veloz Aquiles concede ventaja a una tortuga en una carrera, nunca podrá alcanzarla. Cuando Aquiles recorre la distancia inicial que lo separa del animal, la tortuga habrá avanzado un pequeño tramo más; cuando él recorre ese nuevo tramo, la tortuga ya habrá avanzado otro poco, y así sucesivamente. Puesto que siempre queda una distancia por recorrer, Aquiles parece condenado a no alcanzarla jamás. La paradoja señala un problema fundamental, se trata de la dificultad de tratar la suma infinita de pequeños intervalos de tiempo y distancia, algo que solo se resolvería con el concepto de límite en el cálculo diferencial siglos más tarde.

Otra de sus paradojas, la paradoja de la dicotomía, aborda la cuestión de recorrer un espacio finito que se divide infinitamente. Zenón argumenta que antes de llegar a un destino, primero hay que recorrer la mitad del camino; antes de llegar a esa mitad, hay que recorrer la mitad de la mitad, y así sucesivamente. Como esta secuencia no termina nunca, el movimiento parece imposible. Aunque en la práctica vemos que los objetos sí alcanzan sus destinos, la paradoja planteó un serio dilema matemático: ¿cómo se puede sumar una cantidad infinita de intervalos y obtener un resultado finito? La respuesta a esta pregunta no llegaría hasta el desarrollo de las series infinitas convergentes en la matemática moderna.

Finalmente, la paradoja de la flecha en movimiento pone en duda la posibilidad misma del movimiento. Zenón sostiene que, si en cada instante del tiempo una flecha en vuelo ocupa un solo punto del espacio, entonces está en reposo en cada uno de esos instantes. Como el tiempo está compuesto de una sucesión infinita de estos instantes, la flecha nunca se mueve realmente. Esta paradoja anticipó la necesidad de una concepción más precisa del tiempo y del cambio continuo, algo que solo se logró con la formulación del cálculo y de la noción de derivada.

Las paradojas de Zenón fueron ampliamente discutidas en la antigüedad, y aunque Aristóteles intentó refutarlas con su distinción entre infinito potencial e infinito actual, no fueron completamente resueltas hasta que las matemáticas modernas incorporaron el concepto de límite. Estos argumentos ayudaron a revelar las dificultades que implicaba el infinito dentro del pensamiento matemático y evidenciaron la necesidad de desarrollar herramientas formales para tratarlo. Aunque Zenón no era matemático en el sentido moderno, sus ideas obligaron a los matemáticos posteriores a enfrentarse a la naturaleza de lo infinito, influyendo indirectamente en el desarrollo de la matemática del continuo y de los números reales.

LA GEOMETRÍA GRIEGA FRENTE AL INFINITO: DE EUCLIDES A ARQUÍMEDES

El pensamiento geométrico griego abordó el infinito de manera muy distinta a la aritmética y la filosofía. Mientras que en el ámbito numérico el infinito era rechazado como una entidad real, en la geometría se aceptaban ciertas nociones de lo ilimitado, aunque con restricciones estrictas. Euclides, en los *Elementos*, estableció que una línea podía prolongarse indefinidamente, lo que implícitamente reconocía la existencia de un crecimiento sin límite. Sin embargo, esto no significaba que el infinito fuera tratado como un número o una magnitud manipulable. La geometría euclidiana operaba bajo la idea del infinito potencial, en la que una figura podía extenderse tanto como se deseara, pero sin ser concebida como una estructura infinita en sí misma.

Esta distinción entre lo potencialmente infinito y lo realmente infinito reflejaba la fuerte influencia de Aristóteles en la matemática griega. Aunque Euclides nunca definió el infinito como tal, su sistema admitía construcciones que lo sugerían, como la existencia de números primos sin límite o la posibilidad de dividir un segmento de forma indefinida. Sin embargo, estas propiedades eran tratadas más como postulados dentro de un marco lógico que como entidades matemáticas en sí mismas.

Dentro de esta tradición, Eudoxo de Cnido desarrolló el método de exhaución, un procedimiento que permitía aproximar áreas y volúmenes sin necesidad de aceptar el infinito actual. Su técnica consistía en inscribir y circunscribir figuras poligonales dentro de una curva, reduciendo progresivamente la diferencia entre ellas hasta que fuera tan pequeña como se deseara. Aunque el método evitaba el uso de sumas infinitas explícitas, en la práctica permitía obtener resultados arbitrariamente precisos, anticipando la idea de límite que sería fundamental en el cálculo moderno.

Siguiendo esta línea, Arquímedes llevó el método de exhaución a su máximo refinamiento. A diferencia de sus predecesores, lo utilizó de manera sistemática para calcular con gran precisión áreas y volúmenes de figuras curvas. Un ejemplo notable fue su aproximación del valor de π, que veremos enseguida. Su trabajo no solo demostró la potencia del método, sino que lo convirtió en una herramienta fundamental para la matemática griega.

El perfeccionamiento del método de exhaución por parte de Arquímedes mostró que, aunque la matemática griega evitaba el infinito como una cantidad manipulable, era posible usar procedimientos que lo implicaban sin violar la restricción aristotélica. Su enfoque permitió trabajar con magnitudes que, aunque finitas, podían aproximarse arbitrariamente a valores que hoy describiríamos como límites. Con ello, la geometría griega alcanzó su máxima sofisticación en el manejo del infinito sin admitirlo formalmente, un equilibrio que solo se rompería con la llegada del cálculo infinitesimal en la era moderna.

El método de exhaución y la aproximación de π: el cálculo sin infinito de Arquímedes

Desde la antigüedad, el valor de π ha sido una cuestión matemática fundamental. Su naturaleza irracional e infinita lo convirtió en un desafío para las matemáticas griegas, que evitaban el infinito actual en sus cálculos. Arquímedes encontró una forma ingeniosa de aproximarlo sin violar las restricciones aristotélicas, utilizando el método de exhaución. Su estrategia consistió en inscribir y circunscribir polígonos regulares dentro de un círculo, calculando sus perímetros para obtener cotas inferior y superior para π. Al aumentar el número de lados del polígono, estas cotas se acercaban progresivamente al valor real de π, sin necesidad de asumir una cantidad infinita de pasos. Aunque, el concepto de infinito estaba ahí, latente.

Para entender este procedimiento, consideremos un polígono regular de n lados inscrito en un círculo de radio r. El perímetro de este polígono proporciona una cota inferior para la longitud de la circunferencia, mientras que un polígono circunscrito da una cota superior. Arquímedes comenzó con hexágonos y luego aumentó el número de lados hasta llegar a polígonos de 96 lados, logrando una aproximación notablemente precisa.

Matemáticamente, el perímetro P_n de un polígono regular de n lados inscrito en un círculo de radio r está dado por:

$$P_n = 2n \cdot r \cdot \sin\left(\frac{\pi}{n}\right)$$

Mientras que el perímetro Q_n del polígono circunscrito es:

$$Q_n = 2n \cdot r \cdot \tan\left(\frac{\pi}{n}\right)$$

Arquímedes aplicó este procedimiento con un hexágono ($n=6$), luego un dodecágono ($n=12$) y así sucesivamente hasta llegar a $n=96$. Con estos cálculos, determinó que π estaba comprendido entre:

$$\frac{223}{71} < \pi < \frac{22}{7}$$

Lo que en notación decimal equivale a:

$$3,1408 < \pi < 3,1429$$

Es decir, este es el resultado que hemos usado desde que somos pequeños. Ojo, porque en realidad no es correcto decir que π sea 3,14. Ni el propio Arquímedes así lo concibió. En realidad π es aproximadamente igual a 3,14. Si te contaron esto, no te contaron toda la verdad:

$$\pi = 3,14$$

La verdad es esta otra:

$$\pi \approx 3,14$$

Este resultado es sorprendentemente preciso si consideramos las herramientas disponibles en la época y se mantuvo como la mejor estimación de π durante siglos. Sin embargo, más allá del valor obtenido, lo verdaderamente notable del procedimiento de Arquímedes es su enfoque geométrico y su método sistemático de aproximación. Aunque hoy podemos expresar sus cálculos mediante notación algebraica y funciones trigonométricas, Arquímedes no disponía de estas herramientas. En su lugar, trabajaba con construcciones geométricas rigurosas y razonamientos basados en proporciones, aplicando su método de exhaución para acotar el valor de π con una precisión sin precedentes. Al aumentar progresivamente el número de lados del polígono, la longitud de su perímetro se acercaba cada vez más a la de la circunferencia, sin necesidad de introducir el concepto de infinito en términos explícitos. Lo esencial no era alcanzar el valor exacto, sino lograr que la distancia entre las dos cotas se hiciera cada vez menor, como una rendija que tiende a cerrarse. En el fondo, todo su método consistía en empujar esa diferencia hacia cero sin nombrarlo, bordeando su presencia con herramientas geométricas que rozaban lo infinitesimal sin asumirlo.

El procedimiento de Arquímedes mostró que era posible trabajar con magnitudes arbitrariamente pequeñas y realizar aproximaciones sucesivas sin aceptar la existencia del infinito como una cantidad concreta. Aunque su método no incluía el cálculo diferencial ni la noción formal de límite, su estrategia de refinamiento progresivo representa una de las primeras aplicaciones del pensamiento que, siglos más tarde, fundamentaría el análisis matemático. En muchos sentidos, su trabajo anticipó la idea del cálculo infinitesimal, proporcionando un modelo para futuras generaciones de matemáticos que, con el desarrollo de la notación algebraica y el análisis funcional, formalizarían este tipo de aproximaciones dentro de un marco teórico más amplio y preciso.

EL INFINITO ENTRE LA FE Y LA RAZÓN: LA VISIÓN MEDIEVAL Y RENACENTISTA

Durante la Edad Media, la comprensión del infinito estuvo profundamente influenciada por la teología cristiana y la filosofía escolástica. A diferencia de los matemáticos griegos, que debatían el infinito desde un punto de vista lógico y geométrico, los pensadores medievales lo vincularon directamente con la naturaleza divina. En la doctrina cristiana, Dios era considerado el único ser verdaderamente infinito, lo que generó un fuerte rechazo a la idea de que el infinito pudiera existir dentro del mundo material o ser tratado como una cantidad matemática legítima. Esta concepción limitó durante siglos la concepción del infinito en términos puramente matemáticos y lo convirtió en un problema más filosófico y teológico que práctico.

Uno de los filósofos clave en esta época fue Tomás de Aquino (1225-1274), quien, influenciado por Aristóteles, defendió la idea de que el infinito no podía manifestarse en el mundo físico.

Para Aquino, solo Dios era infinito en un sentido absoluto, mientras que cualquier otro tipo de infinito debía ser potencial, nunca actual. Es decir, aunque los números podían crecer indefinidamente, nunca podía existir un número infinito real, y aunque una línea podía prolongarse sin límite, en cada momento siempre tendría una longitud finita. Esta visión, que consolidó la distinción aristotélica entre infinito potencial e infinito actual dentro del marco cristiano, reforzó la resistencia a considerar el infinito como una cantidad manipulable en matemáticas.

Sin embargo, no todos los pensadores medievales compartían esta restricción absoluta. Algunos teólogos y matemáticos árabes e islámicos, como Al-Farabí (el Maestro Segundo), Al-Ghazali y Avicena, exploraron el infinito desde una perspectiva más flexible. En el mundo islámico, donde la matemática experimentó un notable desarrollo en los siglos IX y X, se aceptó con mayor naturalidad la posibilidad de que existieran conjuntos infinitos en abstracción, aunque sin formalizarlos completamente. Este enfoque influyó en algunos escolásticos europeos, como Guillermo de Ockham, quien cuestionó ciertos dogmas aristotélicos sobre la imposibilidad de lo infinito en el mundo físico. Sin embargo, la visión dominante siguió siendo la de un infinito reservado solo a Dios y excluido del dominio de las matemáticas formales.

El peso de la escolástica en la educación medieval hizo que las matemáticas permanecieran estancadas en estos debates hasta bien entrado el Renacimiento. La idea de que el infinito era una noción reservada a la teología y sin aplicación práctica en la ciencia o en la matemática impidió durante siglos su estudio riguroso. Sin embargo, no en todas las culturas el infinito fue tratado con la misma rigidez. Mientras en Europa se debatía su existencia en términos filosóficos y religiosos, en el mundo islámico y en la India se adoptó una aproximación más flexible, que permitió ciertos avances matemáticos en la manipulación de lo infinito.

Los matemáticos islámicos de los siglos IX y X, influenciados por la tradición helenística y por sus propios desarrollos en álgebra y geometría, asumieron el infinito en términos más prácticos. Al-Khwarizmi y Al-Samawal trabajaron con series algebraicas que, aunque no eran concebidas en términos modernos, implicaban procesos que podían extenderse indefinidamente. Al-Tusi, en sus estudios sobre trigonometría, abordó el infinito en términos de proporciones y razones que tendían a valores arbitrariamente grandes. En la India, el matemático Bhaskara II planteó una conexión directa entre el infinito y el cero al proponer que la división por cero producía una cantidad infinita, lo que si bien no tenía una base rigurosa, reflejaba una apertura conceptual hacia lo infinito que no se veía en la tradición aristotélica.

Estos desarrollos, aunque aún distantes de una formalización rigurosa, anticiparon la necesidad de un tratamiento matemático del infinito. Sin embargo, estas ideas no llegaron a consolidarse en la matemática europea hasta el Renacimiento, cuando los descubrimientos científicos y el contacto con textos árabes e indios obligaron a reconsiderar las limitaciones impuestas por la escolástica. Durante el Renacimiento, la recuperación de textos clásicos y el auge de la observación científica impulsaron un cambio radical en el enfoque de los matemáticos y de los filósofos hacia el tratamiento del infinito. Entre ellos, Galileo Galilei jugó un papel clave al desafiar las concepciones aristotélicas y escolásticas que dominaban el pensamiento europeo. Aunque Galileo no formalizó el infinito en términos matemáticos rigurosos, sus reflexiones sobre la naturaleza de los conjuntos infinitos y las paradojas que estos generaban marcaron un punto de inflexión en su estudio.

Uno de los aportes más importantes de Galileo en este campo fue su observación de que, en un conjunto infinito, una parte podía ser equivalente al todo. Expresó esta idea en su famoso *Diálogos sobre dos nuevas ciencias*, donde señaló que el conjunto de los números cuadrados perfectos 1, 4, 9, 16, 25,... es una «subcolección» dentro del conjunto de los números naturales 1, 2, 3, 4 ,5,... y, sin embargo, ambos conjuntos pueden ponerse en correspondencia uno a uno:

$$1 \leftrightarrow 1, \quad 2 \leftrightarrow 4, \quad 3 \leftrightarrow 9, \quad 4 \leftrightarrow 16, \quad 5 \leftrightarrow 25, \quad \ldots$$

Desde una perspectiva finita, parecería que hay más números naturales que cuadrados perfectos, pues solo una fracción de los primeros tienen raíz cuadrada exacta. Sin embargo, Galileo sugirió que ambos conjuntos son del mismo tamaño en términos de correspondencia uno a uno, lo que entra en conflicto con la intuición tradicional sobre la cantidad y la comparación de magnitudes. Esta paradoja fue una de las primeras en cuestionar el concepto clásico de infinito y anticipó las investigaciones que más tarde desarrollaría Georg Cantor con la teoría de los números transfinitos.

A pesar de sus avances, Galileo nunca llegó a aceptar completamente el infinito como una cantidad válida en matemáticas. Incluso supuso que la velocidad de la luz era finita, a pesar de que fue incapaz de medirla. De hecho, concluyó que el infinito era un concepto paradójico que escapaba a la lógica numérica tradicional y, por lo tanto, debía ser tratado con extrema precaución. No obstante, su trabajo abrió la puerta a una nueva forma de pensar sobre lo infinito, y su intuición sobre la posibilidad de comparar conjuntos infinitos sentó las bases para el desarrollo de la teoría moderna de conjuntos.

El estudio del infinito seguía siendo un terreno inestable en el siglo XVII, pero el rigor matemático estaba a punto de cambiar drásticamente. Con el nacimiento del cálculo, el infinito dejó de ser un problema filosófico para convertirse en una herramienta matemática precisa. La última gran barrera que separaba a la matemática del infinito estaba a punto de caer.

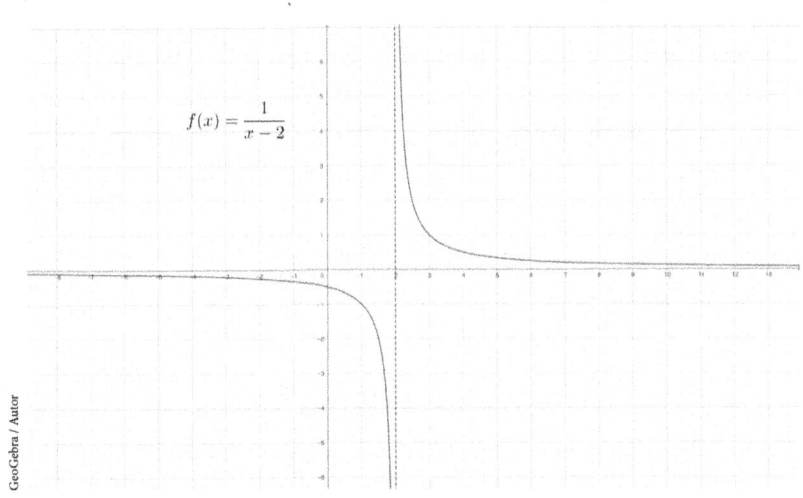

$$f(x) = \frac{1}{x - 2}$$

La asíntota de una función es un elemento central para entender el concepto de infinito.

EL INSTANTE IMPOSIBLE: INFINITESIMALES, CERO Y EL NACIMIENTO DEL CÁLCULO

Desde la antigüedad, los matemáticos habían logrado medir velocidades medias y calcular distancias recorridas en intervalos finitos de tiempo. Sin embargo, un problema permanecía sin resolver: ¿cómo calcular la velocidad en un instante preciso? Si se dividía el tiempo en intervalos cada vez más pequeños, la distancia recorrida también disminuía, y al llegar a un instante sin duración aparente, la velocidad parecía desaparecer. Esta dificultad era consecuencia de la falta de una noción matemática precisa de cambio instantáneo, un problema que solo pudo resolverse cuando el infinito y el cero se incorporaron formalmente en la matemática con el cálculo diferencial.

El método que permitió abordar este problema se basó en el uso de infinitesimales, cantidades tan pequeñas que podían considerarse «casi cero», pero que aún eran tratadas como magnitudes operables. Newton y Leibniz, de manera independiente, desarrollaron el cálculo diferencial en el siglo XVII utilizando estos infinitesimales para definir la derivada, el concepto que permite calcular el cambio instantáneo de una magnitud.

Newton empleaba una notación basada en flujos para describir el cambio de una variable con el tiempo, representándolo como:

$$\dot{x}$$

Leibniz, por su parte, introdujo una notación diferente, que expresaba la razón de cambio entre dos cantidades infinitamente pequeñas:

$$\frac{dy}{dx}$$

Matemáticamente, la derivada de una función $f(x)$ en un punto se define como el límite del cociente de diferencias cuando el incremento h tiende a cero:

$$f'(x) = \lim_{h \to 0} \frac{f(x+h) - f(x)}{h}$$

Aquí, la conexión entre el infinito y el cero es clave: el incremento h se reduce indefinidamente, acercándose a cero sin alcanzarlo jamás, lo que permite calcular la pendiente exacta de una curva en un punto. Este procedimiento solucionó problemas que habían frustrado a los matemáticos durante siglos, proporcionando una herramienta precisa para modelar el movimiento, el crecimiento y cualquier fenómeno que involucrara variación continua.

A pesar de su utilidad, el uso de los infinitesimales generó críticas. Matemáticos como George Berkeley los atacaron, calificándolos de «fantasmas de cantidades desaparecidas», ya que no se comprendía con rigor cómo podían ser diferentes de cero y, al mismo tiempo, ser tan pequeños como se quisiera. Este problema del rigor matemático no se resolvería hasta el siglo XIX, cuando el concepto de límite, desarrollado por Cauchy y Weierstrass, reemplazó a los infinitesimales y proporcionó una base sólida para el cálculo. Sin embargo, la introducción de la derivada y el análisis infinitesimal marcó el inicio de una nueva era en la matemática, en la que el infinito y el cero pasaron de ser problemas filosóficos a convertirse en herramientas fundamentales.

DE LA NADA AL TODO: EL INFINITO EN LA INTEGRACIÓN Y SU VÍNCULO CON EL CERO

El cálculo de áreas ha sido una de las cuestiones fundamentales de la matemática desde la antigüedad. En un apartado anterior, hablamos del método de exhaución, desarrollado por Eudoxo y perfeccionado por Arquímedes, que permitía aproximar áreas y volúmenes sin recurrir explícitamente al infinito. Aunque este método fue un avance notable, su enfoque geométrico carecía de una generalización algebraica que permitiera resolver problemas más amplios. Para ello, fue necesario el desarrollo del cálculo integral, que formalizó la idea de acumulación de infinitas cantidades diminutas.

Aviso a lectores: vienen curvas. Curvas en la intensidad lectora y curvas matemáticas. La clave del cálculo integral reside en la descomposición de un área en una suma infinita de elementos cada vez más pequeños. Imaginemos que queremos determinar el área bajo una curva $y=f(x)$ en un intervalo [a,b]. Una manera intuitiva de hacerlo es dividir la región en múltiples rectángulos de anchura Δx y altura determinada por la función en cada punto. Este procedimiento recuerda al método de exhaución, pero con una diferencia crucial. Ahora se formula algebraicamente, permitiendo su aplicación en un marco mucho más amplio. Si sumamos las áreas de estos rectángulos, obtenemos una aproximación del área total. Sin embargo, para que esta aproximación sea exacta, la base de los rectángulos debe reducirse hasta acercarse a cero. En términos matemáticos, esto se expresa como un límite, donde la suma de las áreas de los rectángulos se convierte en la integral definida de la función:

$$\int_a^b f(x)\,dx = \lim_{\Delta x \to 0} \sum f(x_i)\Delta x$$

Aquí, el cero juega un papel fundamental: es el valor al que debe tender la anchura de cada partición para que la suma capture exactamente el área bajo la curva. Si la base de los rectángulos no llegara a un valor infinitamente pequeño, la aproximación siempre contendría un error.

El concepto de integral, tal como lo conocemos hoy, fue desarrollado en paralelo por Isaac Newton y Gottfried Wilhelm Leibniz, quienes descubrieron que la integración no solo permitía calcular áreas, sino que también era el proceso inverso de la diferenciación, estableciendo así el Teorema Fundamental del Cálculo. Leibniz introdujo la notación moderna de la integral con el símbolo ∫, inspirado en la letra «S» de *summa*, para representar la acumulación de infinitesimales. Más tarde, en el siglo XIX, Bernhard Riemann formalizó rigurosamente la integral como el límite de sumas de áreas rectangulares, eliminando cualquier ambigüedad sobre su definición matemática.

Un ejemplo sencillo de este proceso es el cálculo del área bajo la parábola $y=x^2$ en el intervalo [0,1]. Utilizando el cálculo integral, podemos determinar este valor con la siguiente operación:

$$\int_0^1 x^2\,dx = \left[\frac{x^3}{3}\right]_0^1 = \frac{1}{3} - 0 = \frac{1}{3}$$

Aquí, nuevamente, el cero aparece como límite inferior de integración, desempeñando un papel crucial en la acumulación de área. Si el cero no estuviera correctamente definido en este contexto, la integral perdería su sentido, ya que la suma de infinitas cantidades infinitesimales requiere un punto de referencia inicial.

La integración revolucionó la matemática y la física, permitiendo calcular áreas, volúmenes y resolver problemas de acumulación de magnitudes variables. Sin embargo, al igual que ocurrió con los infinitesimales en la diferenciación, la formalización del cálculo integral enfrentó críticas y fue refinada en el siglo XIX para proporcionar una base más rigurosa, consolidando el infinito y el cero como elementos esenciales en el análisis matemático.

SUMANDO HASTA LA NADA: EL INFINITO EN LAS SERIES Y SU RELACIÓN CON EL CERO

Las series infinitas plantearon algunos de los desafíos más grandes en la historia de la matemática. Desde la antigüedad, los matemáticos se enfrentaron a la paradoja de cómo sumar infinitos términos podía dar lugar a un resultado finito. Durante siglos, estas sumas fueron vistas con escepticismo, ya que parecían violar la intuición matemática y desafiaban el principio de que un número infinito de elementos debía necesariamente dar un valor infinito. Sin embargo, el desarrollo del análisis matemático en los siglos XVII y XVIII permitió abordar este problema con herramientas más rigurosas, donde el papel del cero fue fundamental.

El concepto central detrás de las series infinitas convergentes es que sus términos individuales deben hacerse cada vez más pequeños, acercándose indefinidamente a cero, pero sin dejar de aportar al total. Esto se observa claramente en la serie geométrica infinita:

$$S = 1 + \frac{1}{2} + \frac{1}{4} + \frac{1}{8} + \frac{1}{16} + \cdots$$

A medida que se agregan más términos, cada uno es menor que el anterior, tendiendo a cero. Sin embargo, la suma total no crece sin límite, sino que converge a un valor finito:

$$S = \sum_{n=0}^{\infty} \frac{1}{2^n} = 2$$

Pero ahora viene lo sorprendente. Aunque la formulación algebraica de esta serie pertenece al análisis matemático moderno, Arquímedes ya había trabajado con ideas similares en su tratado *Sobre la cuadratura de la parábola*. Se anticipó nada menos que 2000 años, aunque no pudo asentar la idea. En su estudio geométrico, identificó que al sumar áreas de segmentos decrecientes dentro de una parábola, el resultado se acercaba a un valor finito. Si bien no realizó una suma infinita en el sentido moderno, su razonamiento adelantaba la idea de convergencia al observar cómo las fracciones de área se reducían indefinidamente, sin llegar nunca a desaparecer por completo.

Aquí, el cero actúa como un límite, no en el sentido de un valor final, sino como la tendencia a la que apuntan los términos individuales de la serie. La idea de que las fracciones se vuelven tan pequeñas que su contribución se vuelve insignificante es lo que permitió, siglos después, la formulación rigurosa del concepto de convergencia.

A pesar de estos antecedentes, durante siglos persistió la idea de que sumar infinitos términos debía producir un resultado infinito. No fue hasta que se formalizó el concepto de convergencia que se aceptó que una serie infinita podía tener una suma finita, lo que marcó un punto de inflexión en la matemática.

Series de Taylor y Maclaurin:
la nada como estrategia

Uno de los avances más revolucionarios en el uso de series infinitas fue la formulación de las series de Taylor y Maclaurin, que permitieron expresar funciones en términos de sumas infinitas de potencias de x. Por ejemplo, la función exponencial e^x se puede escribir como:

$$e^x = \sum_{n=0}^{\infty} \frac{x^n}{n!} = 1 + x + \frac{x^2}{2!} + \frac{x^3}{3!} + \frac{x^4}{4!} + \ldots$$

En estas expansiones, los términos de orden superior se hacen tan pequeños que su contribución es prácticamente nula para valores pequeños de x. De hecho, en aplicaciones físicas y matemáticas, se suele truncar la serie ignorando los términos que son «casi cero», lo que permite aproximaciones muy precisas sin necesidad de calcular infinitos términos.

En física, estas series permiten predecir el comportamiento de sistemas cerca de un punto de equilibrio; en ingeniería, modelar vibraciones, flujos o circuitos; en astronomía, calcular órbitas; en informática, optimizar algoritmos de simulación. Pero lo más revelador es el criterio que guía su uso: cuando un término se hace tan pequeño que su efecto es despreciable, se lo declara cero. No por ignorancia, sino por eficiencia. No por falta de rigor, sino porque en la práctica, la nada también puede ser una estrategia.

Euler y la paradoja de las sumas infinitas que no son infinitas

Leonhard Euler, uno de los matemáticos más audaces en el manejo del infinito, también trabajó con las propiedades de las series infinitas de una manera que desconcertó a sus contemporáneos. Uno de sus resultados más sorprendentes fue la demostración de que la suma de los inversos de los cuadrados de los números naturales converge a un valor finito:

$$\sum_{n=1}^{\infty} \frac{1}{n^2} = \frac{\pi^2}{6}$$

Este resultado desafió la intuición matemática, ya que implicaba que una cantidad infinita de términos, cada uno cada vez más pequeño, podía sumarse para producir un número finito. Aquí, nuevamente, el cero juega un papel crucial: la contribución de los términos individuales tiende a cero, pero la acumulación infinita de estos valores genera un límite bien definido.

Concluyendo, las series infinitas revolucionaron la forma en que los matemáticos comprendían la convergencia y la acumulación de valores. En cada uno de estos casos, la clave para entender su comportamiento radica en cómo los términos individuales se acercan progresivamente a cero, permitiendo que sumas infinitas tengan un significado preciso y útil. Sin la idea de límite y sin la noción del cero como valor hacia el cual tienden los términos de la serie, el análisis matemático moderno no habría sido posible. Con estas herramientas, el infinito dejó de ser un obstáculo filosófico para convertirse en una de las herramientas más poderosas en la ciencia y la matemática aplicada.

El rigor del cero: el fin de los infinitesimales y la formalización del cálculo

Desde su nacimiento, el cálculo infinitesimal había sido una herramienta poderosa, pero también un terreno de incertidumbre conceptual. Aunque Newton y Leibniz lo habían desarrollado con gran éxito, su formulación se basaba en cantidades infinitesimalmente pequeñas, valores que no eran cero pero que tampoco parecían ser un número real definido. Como ya se indicó previamente, esta falta de precisión generó críticas desde sus inicios, y uno de sus más fervientes opositores fue George Berkeley, quien en 1734 atacó duramente el cálculo en su ensayo *El analista*, donde describió los infinitesimales como «fantasmas de cantidades desaparecidas».

Berkeley cuestionaba cómo los matemáticos podían justificar la eliminación de términos infinitesimales en ciertos cálculos mientras los utilizaban como base para derivadas e integrales. Su crítica se centraba en el hecho de que los infinitesimales parecían actuar como cero cuando convenía y como un número finito cuando era necesario, lo que revelaba una inconsistencia lógica. Una especie de «doble personalidad» matemática. Este debate sobre la naturaleza de lo infinitesimal puso de manifiesto la necesidad de una formulación más rigurosa del cálculo, donde la relación con el cero estuviera claramente definida.

El primer paso hacia esta formalización lo dio Augustin-Louis Cauchy, quien introdujo el concepto de límite para resolver la ambigüedad de los infinitesimales. En lugar de depender de cantidades indefinidamente pequeñas, Cauchy propuso que el cálculo debía fundamentarse en la idea de aproximación progresiva, estableciendo reglas estrictas sobre cómo una cantidad puede tender a cero sin ser exactamente cero. Su trabajo permitió dotar al cálculo de una base más lógica, pero aún quedaban cuestiones por resolver.

Fue Karl Weierstrass quien llevó la rigurosidad del cálculo al siguiente nivel al eliminar por completo la idea de los infinitesimales en favor de una definición más estricta de límite basada en el criterio $\varepsilon-\delta$. En esta formulación, se estableció que una función tiende a un valor L cuando x se acerca a un número dado si, para cualquier número arbitrariamente pequeño ε, existe un número igualmente pequeño δ tal que:

$$0 < |x-a| < \delta \quad \Rightarrow \quad |f(x)-L| < \varepsilon$$

Este enfoque formalizó la relación entre el infinito y el cero, ya que estableció cómo las funciones podían acercarse arbitrariamente a un valor sin necesariamente alcanzarlo. Weierstrass también contribuyó a la consolidación del análisis real, proporcionando una base rigurosa para la continuidad, la convergencia de series y la diferenciabilidad, asegurando que el cálculo tuviera una estructura lógica bien definida.

En paralelo a estos avances en el análisis, el siglo XIX también vio nacer una formalización rigurosa de los números naturales. En 1889, Giuseppe Peano formuló un sistema axiomático donde el cero dejaba de ser una rareza conceptual para convertirse en el punto de partida de toda la aritmética. Sus cinco axiomas no definían qué es un número, sino cómo debe comportarse dentro de una estructura lógica consistente. El primero de ellos establece simplemente que el cero es un número natural, y a partir de él se genera la sucesión entera. Así, el cero se consagraba como el ladrillo inicial de la aritmética moderna, con independencia de su historia simbólica o filosófica.

Por otro camino complementario, la consolidación del análisis matemático llevó a la construcción rigurosa de los números reales, donde el cero adquirió un papel central en la definición de límites, continuidad y operaciones infinitesimales. El trabajo de Richard Dedekind y Georg Cantor estableció la teoría de los números reales a partir de cortes y sucesiones de Cauchy, asegurando que cada número real estuviera bien definido dentro del sistema matemático.

Con la introducción del concepto de límite y la eliminación de los infinitesimales mal definidos, el cálculo dejó de ser una herramienta basada en intuiciones poco rigurosas y se convirtió en una teoría matemática precisa. El cero y el infinito, que durante siglos habían sido fuentes de paradojas y críticas, fueron finalmente integrados en el análisis matemático con bases sólidas. A partir de entonces, el cálculo se convirtió en una de las piedras angulares de la matemática y la física, con aplicaciones que iban desde la modelización del movimiento hasta la predicción de fenómenos naturales.

Este cambio asfaltó el camino para una comprensión más profunda de la estructura de los números reales y de los conjuntos infinitos. La aceptación del infinito en la matemática moderna llevó a una nueva pregunta: ¿existe un solo tipo de infinito o hay infinitos de diferentes tamaños?

Fue en este contexto que Georg Cantor revolucionó la matemática al introducir la teoría de los números transfinitos, una idea que cambiaría para siempre la forma en que concebimos el infinito. Si hasta entonces el infinito había sido una noción útil pero difusa dentro del cálculo, Cantor demostró que podía ser tratado con la misma rigurosidad que cualquier otro concepto matemático.

LA PARADOJA DEL INFINITO: CANTOR Y LOS NÚMEROS TRANSFINITOS

El infinito había sido aceptado en la matemática como una herramienta fundamental dentro del cálculo, pero su naturaleza seguía sin estar completamente definida. Si bien los matemáticos habían aprendido a manejar procesos infinitos mediante límites y convergencia, aún se consideraba que el infinito era una noción abstracta, sin una estructura numérica bien definida. Georg Cantor rompió con esta visión al demostrar que el infinito no solo era manipulable matemáticamente, sino que también existían distintos tipos de infinitos, con tamaños diferentes y propiedades sorprendentes.

Uno de los descubrimientos más revolucionarios de Cantor fue que no todos los conjuntos infinitos son iguales. En términos intuitivos, se pensaba que el infinito era una única entidad, pero Cantor mostró que hay infinitos más grandes que otros. Para demostrarlo, comparó el conjunto de los números naturales $N=\{1,2,3,4,\ldots\}$ con el de los números reales R. A pesar de que ambos conjuntos son infinitos, Cantor demostró mediante su famoso argumento de la diagonalización que los números reales forman un conjunto mayor, en el sentido de que no pueden ponerse en correspondencia uno a uno con los naturales. Esto llevó a la distinción entre el infinito numerable, representado por $\aleph_0$ (el tamaño del conjunto de los números naturales), y los infinitos de mayor cardinalidad, como el conjunto de los números reales, denotado por c (el continuo). Cantor llamó a ese primer tamaño infinito *aleph cero*, $\aleph_0$, utilizando la primera letra del alfabeto hebreo para inaugurar su jerarquía de infinitos. Se trata del cardinal de los conjuntos cuyos elementos pueden contarse uno a uno, como los números naturales.

El impacto de esta idea fue enorme. Por primera vez, el infinito dejaba de ser un concepto único y pasaba a tener una jerarquía dentro de la matemática. Además, este descubrimiento condujo a la creación de la teoría de conjuntos, que redefinió la estructura fundamental de las matemáticas y sentó las bases de la lógica moderna.

En este marco, el cero también encontró un nuevo significado dentro de la teoría de Cantor. El conjunto vacío $\emptyset$, que contiene cero elementos, se convirtió en la base sobre la cual se construyen todos los conjuntos. El cero como primer motor matemático universal. En la formulación de Cantor, cualquier conjunto puede ser entendido en términos de su cardinalidad, y el conjunto vacío representa el punto de partida de esta estructura. Lo que antes podía parecer un concepto trivial —un conjunto sin elementos— adquirió una importancia central en la teoría matemática moderna.

Para ilustrar la extraña naturaleza del infinito, el matemático David Hilbert propuso la famosa paradoja del hotel infinito, inspirada en la obra de Cantor. Imaginemos un hotel con infinitas habitaciones, todas ocupadas. Si llega un nuevo huésped, parecería que no hay espacio disponible. Sin embargo, si cada huésped se mueve a la habitación siguiente (el que está en la habitación 1 pasa a la 2, el de la 2 a la 3, y así sucesivamente), la habitación 1 queda libre, permitiendo alojar a un nuevo huésped. Este experimento mental demuestra que existen infinitos de distintos tamaños.

El trabajo de Cantor redefinió la comprensión del infinito y abrió un campo completamente nuevo dentro de la matemática. Su teoría de los números transfinitos sentó las bases de la lógica y la teoría de conjuntos modernas, influyendo en áreas tan diversas como la computación, la física teórica y la filosofía. Con su descubrimiento, el infinito dejó de ser un misterio abstracto y pasó a ser una entidad matemática con estructura propia, marcando un antes y un después en la historia del pensamiento matemático.

BOLZANO Y LA GARANTÍA DEL CERO

Pero ¿cómo podemos saber si una función tiene un cero sin resolverla explícitamente? Aquí entra en juego uno de los resultados más intuitivos —y a la vez más profundos— del análisis matemático: el teorema de Bolzano. Se estudia en los cursos de Bachillerato como una herramienta básica, pero detrás de su sencillez formal se esconde una idea poderosa: si una función continua toma valores de signo opuesto en los extremos de un intervalo, entonces debe anularse en algún punto intermedio. Es decir, debe pasar por cero. Esta afirmación, que hoy se presenta con naturalidad, fue una de las primeras formas rigurosas de garantizar la existencia de soluciones sin necesidad de construirlas explícitamente.

El teorema de Bolzano no dice dónde está el cero, ni cuántos hay, ni cómo se comporta la función alrededor de él. Solo asegura su existencia, si se dan las condiciones adecuadas. Pero esa sola garantía bastó para transformar el enfoque del análisis matemático, pues ya no se trataba solo de calcular, sino de demostrar que ciertos resultados debían estar ahí, incluso si no podíamos alcanzarlos con una fórmula. Es, en cierto modo, una forma elegante de invocar al cero como certeza lógica, más que como resultado numérico. En una época en la que la matemática aún se debatía entre intuición y formalismo, Bolzano trazó un puente silencioso entre ambas orillas.

EL CERO COMO PISTA: EXTREMOS, ASÍNTOTAS Y DISCONTINUIDADES

Además de permitirnos calcular tasas de cambio, las derivadas abrieron una nueva dimensión en el análisis de funciones: el estudio de su forma. Allí donde la derivada se anula —donde vale cero— se esconden a menudo puntos clave: máximos, mínimos, inflexiones, o incluso momentos de simetría fugaz. El cero ya no es solo un número aislado ni una solución buscada, sino una señal de que algo está ocurriendo en la geometría interna de la función. En esos puntos donde «todo se detiene», el análisis local revela estructuras que, multiplicadas por la mirada del cálculo, permiten leer las funciones como si fueran paisajes.

Un máximo local es un punto donde la función sube y luego baja; un mínimo, donde baja y luego sube. En ambos casos, la derivada se anula, y el cero actúa como una especie de frontera entre comportamientos opuestos. Si la segunda derivada también entra en juego, el análisis se vuelve aún más fino, puesto que sirve para distinguir si estamos ante una cima o un valle. En los puntos de inflexión, por ejemplo, la curva cambia de concavidad, y aunque allí puede que la pendiente no sea cero, algo cambia en la curvatura. Una sutileza que la segunda derivada ayuda a detectar.

Pero no todo son ceros elegantes. También hay lugares donde la derivada no existe: esquinas, saltos, discontinuidades. El análisis diferencial se detiene ahí, pero no por ello deja de mirar. A menudo, esos puntos son los más reveladores, precisamente porque el cero no llega a aparecer. Y si miramos más lejos, hacia los extremos del dominio, encontramos los viejos fantasmas de los límites: funciones que crecen sin freno o que se aplastan contra una línea que nunca tocan. Esas son las asíntotas, y también ahí el cero hace de aparición velada. Pero no como valor alcanzado, sino como destino imposible.

Así, el cero no es solo un punto de partida o una solución deseada. Es una señal, un síntoma, un indicio de que la función está cambiando de fase. Leer una función es seguir el rastro de sus ceros, ver dónde se interrumpe el ascenso, dónde se revierte la curva, dónde se esconde lo infinito. El análisis local convierte a cada cero en una pregunta geométrica: ¿qué está ocurriendo justo ahí?

EL ORIGEN DE UNA RELACIÓN INALCANZABLE: $1/x \to 0$ CUANDO $x \to \infty$

Estamos casi terminando el capítulo y es momento para hablar de una relación en la que los dos protagonistas de la historia lo intentan, pero nunca se tocan. Augustin-Louis Cauchy, en su influyente *Cours d'Analyse* (1821), sentó las bases del concepto de límite, algo que permitió establecer con precisión la relación entre estos dos extremos numéricos.

Cauchy describió cómo una cantidad podía hacerse arbitrariamente pequeña sin desaparecer completamente, introduciendo el concepto de infinitésimo. En sus propias palabras:

Cuando los valores numéricos sucesivos de una misma variable disminuyen indefinidamente, de modo que descienden por debajo de cualquier número dado, esta variable se convierte en lo que se llama un infinitésimo, o una cantidad infinitamente pequeña. Una variable de este tipo tiene como límite el cero.

Este enunciado formalizó matemáticamente la intuición de que, si una cantidad x crece sin límite, su inverso decrece indefinidamente, tendiendo hacia cero, lo que hoy escribimos como:

$$\lim_{x \to \infty} \frac{1}{x} = 0$$

Esta formulación corrigió la interpretación ambigua del infinito en la matemática previa. Aunque es común encontrar la notación errónea $1/\infty = 0$, en realidad, el infinito no es un 1número, sino un comportamiento dentro de una sucesión o función. Por ello, en la teoría de límites, se expresa correctamente como:

$$\frac{1}{x} \to 0 \quad \textbf{cuando} \quad x \to \infty$$

El avance de Cauchy resolvió problemas que habían afectado el desarrollo del cálculo desde Newton y Leibniz, quienes habían trabajado con infinitesimales mal definidos. Con su introducción del límite, Cauchy logró establecer un criterio riguroso que permitía manejar lo infinitamente pequeño y lo infinitamente grande sin ambigüedades. Su formulación sentó las bases del análisis matemático moderno, asegurando que conceptos como derivadas, integrales y series infinitas se construyeran sobre un marco lógico sólido.

La expresión $1/x \to 0$ cuando $x \to \infty$ es más que una simple relación algebraica. Es la base sobre la cual se estructuran muchos de los conceptos del cálculo y el análisis funcional. Gracias a Cauchy, lo que antes era una intuición matemática pasó a ser una relación rigurosa que hoy utilizamos en innumerables aplicaciones científicas y matemáticas.

La catástrofe del infinito: cuando el cero vino al rescate

A finales del siglo XIX, la física clásica parecía tener respuesta para casi todo. Las leyes del electromagnetismo, la mecánica newtoniana y la termodinámica se combinaban en un edificio teórico que inspiraba confianza. Pero en el corazón de ese edificio, en un rincón tan aparentemente inofensivo como el estudio de la radiación del cuerpo negro, se escondía una paradoja inquietante: la llamada catástrofe ultravioleta.

Según los cálculos clásicos, un objeto caliente debía emitir energía en todas las frecuencias posibles. Cuanto más alta la frecuencia, más modos de vibración disponibles... y, por tanto, más energía radiada. El problema era que, al integrar esas contribuciones sobre todo el espectro —desde el rojo hasta el ultravioleta y más allá— el resultado era una cantidad infinita de energía, lo cual violaba cualquier noción física de sentido común. Un objeto debería desintegrarse instantáneamente por radiación, algo que claramente no ocurría. La culpa, aunque nadie lo dijera aún con claridad, era del infinito.

La solución llegó en 1900, de la mano de Max Planck, quien propuso algo revolucionario: la energía no puede variar de forma continua, sino en pequeños paquetes, discretos, proporcionales a la frecuencia. En lugar de una integral continua que sumaba energías infinitamente pequeñas a lo largo de todas las frecuencias, Planck introdujo una suma de valores discretos. La transición fue silenciosa pero profunda. El problema no era sumar mucho, sino sumar sin límite, sin freno, sin criterio de corte. Al imponer que ciertas energías simplemente no existían —que estaban por debajo del mínimo cuántico o eran «casi cero»—, la paradoja se resolvía. Donde antes había una explosión, ahora había un equilibrio.

La catástrofe ultravioleta fue, en cierto modo, una victoria del cero sobre el infinito, de lo discreto sobre lo continuo, y de la humildad matemática frente a las promesas exuberantes de la integración sin límites.

EL INFINITO COMO UN ESPEJO DEL CERO

A lo largo de la historia, el cero y el infinito han sido tratados como entidades separadas, casi como opuestos conceptuales. Uno representa la ausencia total, la nada, el punto de referencia donde todo comienza; el otro, lo inabarcable, lo que nunca termina. Sin embargo, el desarrollo de la matemática ha revelado que, lejos de ser contrarios, forman parte de una misma estructura. Estamos haciendo referencia a lo infinitamente pequeño y lo infinitamente grande están interconectados.

A lo largo de este capítulo hemos visto que el cálculo diferencial mostró cómo una cantidad puede reducirse indefinidamente sin llegar nunca a ser cero, pero tendiendo a él. La integración, por otro lado, nos enseñó que la suma de elementos infinitamente pequeños puede dar lugar a un área finita. En la teoría de conjuntos, el conjunto vacío, con cero elementos, se convierte en el punto de partida para construir estructuras cada vez más grandes, hasta alcanzar los números transfinitos.

Esta dualidad sugiere una pregunta aún más profunda: ¿seguiremos redefiniendo estos conceptos o hay un límite en nuestra capacidad de comprenderlos? Durante siglos, el infinito ha sido motivo de fascinación y controversia, pero su estudio aún no ha terminado. El cero y el infinito siguen siendo protagonistas en la física teórica, en la computación y en la lógica matemática, lo que sugiere que, aunque creamos haberlos entendido, su misterio está lejos de agotarse.

7

EL CERO EN LA FÍSICA MODERNA

Explicar todo esto sin recurrir a ecuaciones es como intentar contar una sinfonía sin poder usar notas. Un desafío que exige metáforas, comparaciones y una dedicación casi filosófica. Porque el vacío, en física moderna, ya no es una ausencia, sino un escenario lleno de reglas invisibles que solo las matemáticas saben describir del todo. Pero aquí intentaremos lo que parece imposible: narrarlo con palabras.

La historia del vacío como concepto físico no empezó con la mecánica cuántica. En 1911, el físico Ernest Rutherford llevó a cabo un experimento crucial: bombardeó una delgada lámina de oro con partículas alfa y descubrió que la mayoría atravesaban sin desviarse, mientras unas pocas rebotaban abruptamente. De ahí dedujo que los átomos están compuestos en su mayoría por espacio vacío, con casi toda su masa concentrada en un núcleo central diminuto. Así nació el modelo nuclear del átomo, donde los electrones orbitan un núcleo compacto, y la materia, vista de cerca, es sobre todo hueco. Fue la primera vez que el vacío dejó de ser solo una idea abstracta para convertirse en una estructura tangible, medible, con efectos directos sobre el mundo real.

El cero en física podría llamarse vacío, la nada material. Durante siglos, imaginar la nada fue uno de los ejercicios más perturbadores que podía emprender la mente humana. El vacío, esa supuesta ausencia absoluta de materia, parecía una idea tan extrema como inútil. ¿Cómo podría tener importancia lo que, por definición, no tiene contenido? Y, sin embargo, la historia de la física demuestra que esta aparente ausencia ha terminado por convertirse en una de las presencias más inquietantes del universo. Hoy, lo que llamamos vacío no es sinónimo de nada, sino la antesala de todo.

En los laboratorios más avanzados del planeta, los físicos se esfuerzan por construir cámaras de vacío cada vez más perfectas, extrayendo hasta la última molécula de aire. Pero incluso en esas condiciones extremas, siempre queda algo. El vacío vibra. Fluctúa. Reacciona. No es un pozo seco, sino una superficie inquieta que se agita incluso cuando todo parece en calma.

Lo más sorprendente es que, según algunas teorías, el propio universo podría haber surgido de una fluctuación en ese falso silencio. Como si el cero no fuera un punto de partida neutro, sino una especie de semilla inestable capaz de engendrar espacio, tiempo, materia y energía. El vacío, en la física moderna, no es un hueco, es una estructura. Y a veces, esa estructura es más poderosa que aquello que se asienta sobre ella.

En este capítulo vamos a atravesar ese terreno paradójico donde el cero deja de ser simple ausencia y se convierte en escenario de fuerzas fundamentales, partículas virtuales y equilibrios inestables. Veremos cómo los físicos han transformado una idea filosófica en una herramienta de precisión. Y cómo, al intentar entender la nada, nos hemos topado con una de las claves para entenderlo todo.

¿Qué significa el cero en las medidas?

Decir que algo «vale cero» parece una afirmación rotunda. Cero kilogramos, cero grados, cero voltios. Pero ¿qué significa exactamente ese cero? ¿Ausencia real? ¿Límite de detección? ¿Acuerdo cultural? En física, el cero rara vez es tan absoluto como sugiere su forma redonda y cerrada. Más que una cifra definitiva, suele actuar como una frontera, como una línea dibujada por nuestros instrumentos, nuestras convenciones o nuestra imaginación.

A diferencia del cero matemático, que representa con claridad la nada aritmética, el cero en el mundo físico está cargado de matices. Puede ser una cifra imposible de alcanzar, como el cero absoluto de temperatura, o un mero punto de referencia, como el nivel del mar en los mapas. En muchos casos, ni siquiera es una realidad observada, sino una simplificación útil: cuando el amperímetro marca cero, no significa que no circule ni un solo electrón, sino que su flujo podría ser demasiado débil para detectarlo. Incluso la cerveza 0 % alcohol suele esconder un cero irreal, ya que puede albergar hasta un 0,9 % de alcohol.

Por eso conviene distinguir desde el principio entre dos tipos de ceros. El cero teórico es una abstracción, un estado ideal, a menudo inalcanzable, que sirve como límite o base de referencia en los modelos físicos. El cero experimental, en cambio, es una lectura, es decir, un resultado contingente, condicionado por la sensibilidad del instrumento, el contexto del experimento y las decisiones del observador. A veces coinciden, pero muchas otras no.

Esta ambigüedad convierte al cero en una cifra engañosa, que puede oscilar entre lo absoluto y lo relativo, entre lo real y lo simbólico. A lo largo de las siguientes páginas vamos a mostrar distintos ejemplos que muestran cómo, en física, ningún cero es del todo inocente. Cada uno lleva detrás una historia, una hipótesis o una elección. Y como veremos, incluso

Una báscula sin tarar: la masa real es cero, pero la pantalla insiste en mostrar 0,02 g.

los ceros más humildes —como el de una báscula doméstica— esconden una construcción mental más que una ausencia real.

UN UNIVERSO «TARADO»: EL CERO COMO OPERACIÓN, NO COMO VACÍO

Cuando usas un robot de cocina, es común que pongas un recipiente sobre la báscula incorporada y luego presiones el botón de «tara». Al hacerlo, la máquina pone el contador en cero, ignorando el peso del recipiente. Así, al agregar los ingredientes, solo se mide lo que realmente importa: su peso, no el del recipiente que los contiene. Ese «cero» no significa que no haya nada sobre la báscula, sino que se ha hecho una operación previa —una resta— para enfocarse en lo esencial. El recipiente sigue ahí, pero ha sido invisibilizado por conveniencia.

La tara es uno de los ejemplos más simples y potentes de cómo el cero puede ser una construcción mental. No refleja una ausencia, sino una omisión. No nos dice que no hay nada, sino que hemos decidido no tenerlo en cuenta. Y esto no ocurre solo en balanzas. En física, muchos ceros funcionan exactamente igual, es decir, como marcos de referencia, no como realidades absolutas.

Cuando decimos que un punto tiene potencial eléctrico cero, ¿qué estamos diciendo en realidad? Solo que, respecto a un lugar que hemos elegido como referencia, no hay diferencia de energía eléctrica. Pero podríamos haber elegido otro punto. El cero cambia. Lo mismo ocurre con la presión atmosférica. Hablamos de «presión cero» en ciertas condiciones, pero en realidad estamos midiendo diferencias con respecto a un valor medio, que a su vez está vinculado a nuestra altitud, a la temperatura, al clima, incluso al instrumento.

Incluso la altura cero, que parece tan evidente, es una convención. El «nivel del mar» varía constantemente por mareas, presión, gravedad local. Lo que tomamos como cero es un promedio, una decisión útil, pero nada más. Visto así, el universo está lleno de ceros... que dependen de dónde se haya tarado el sistema.

CEROS CONVENCIONALES: CUANDO EL CERO ES CULTURAL

Si el cero puede ser una operación, también puede ser una costumbre. Algunas de las escalas más usadas en la ciencia y la vida cotidiana establecen sus ceros no a partir de una ausencia física, sino de acuerdos históricos o conveniencias humanas. Así, lo que marca cero no es lo que falta, sino lo que alguien decidió que debía marcar el inicio.

El ejemplo más conocido es el de la escala Celsius, donde el cero corresponde al punto de congelación del agua. No es el punto más bajo posible de temperatura ni tiene un significado universal fuera de nuestro planeta o nuestras condiciones atmosféricas. Es, simplemente, un punto cómodo, cotidiano y repetible. En la escala Kelvin, en cambio, el cero representa el límite teórico de la agitación térmica. En este caso sí hay un sentido físico riguroso. Pero ambas escalas conviven, y nadie duda en usar una u otra según el contexto.

Lo mismo ocurre con los decibelios, unidad empleada para medir la intensidad del sonido. El cero decibelios no representa el silencio absoluto, sino el umbral auditivo promedio del oído humano. Es un punto de partida relativo y antropocéntrico. En otras palabras, es un cero hecho a nuestra medida. Por debajo de ese nivel, el sonido puede seguir existiendo, aunque ya no lo percibamos.

También en óptica, en luminancia, en escalas logarítmicas o en medidas de color encontramos ceros que no aluden a la ausencia real de lo que se mide, sino a un consenso, un estándar o un umbral perceptivo. Son ceros funcionales, ceros útiles. Pero no por ello menos arbitrarios. En estos casos, la cifra no marca un vacío, sino una frontera convenida entre lo que cuenta y lo que no.

EL CERO ABSOLUTO: EL «VERDADERO CERO»

Hay un cero que no admite excusas, ni referencias humanas, ni escalas adaptadas al gusto. Un cero que acabamos de adelantar. Es el cero absoluto, el punto en que la materia deja de vibrar, el movimiento térmico se detiene y la temperatura alcanza su mínimo teórico. Es el único cero que la física ha definido no por comparación, sino por imposibilidad. Cero kelvin. Ningún sistema físico puede tener menos energía térmica que eso. Pero tampoco puede alcanzarlo.

La tercera ley de la termodinámica establece que ningún procedimiento finito permite llevar un sistema hasta el cero absoluto. Podemos acercarnos, rozarlo, arañar sus límites… pero nunca llegar. Es un cero que actúa como horizonte: se puede caminar hacia él, pero jamás pisarlo. En los laboratorios, los físicos han logrado temperaturas del orden de millonésimas de kelvin, lo que equivale a enfriar átomos hasta que apenas se mueven. Sin embargo, incluso ahí, el cero permanece intacto. No como una cifra en la pantalla, sino como un límite ontológico. Un estado que no pertenece al mundo real.

En este territorio extremo, donde la temperatura apenas existe, aparece una de las manifestaciones más asombrosas de la física cuántica. Los condensados de Bose-Einstein son estados de la materia que solo aparecen cuando un conjunto de átomos se enfría hasta temperaturas extremadamente cercanas al cero absoluto. En esas condiciones, los átomos —que normalmente se comportan como entidades individuales— pierden sus diferencias y se sincronizan, actuando como una única «superpartícula» cuántica. Es como si un estadio entero dejara de tener miles de voces distintas y comenzara a cantar al unísono, sin que nadie destaque. El resultado es un sistema donde las propiedades cuánticas, normalmente invisibles en el mundo macroscópico, se vuelven evidentes a escala humana. Un material que, literalmente, desafía nuestra intuición.

El cero como umbral tecnológico

La historia de la ciencia está llena de ceros que fueron derrotados. Durante siglos, la bóveda celeste parecía muda, ya que ningún telescopio detectaba más allá de las estrellas visibles. El espacio intergaláctico era, por definición, vacío. Pero un día, un aparato construido para otro fin —el radiotelescopio de Penzias y Wilson— captó un leve zumbido. Habían detectado, sin querer, el eco térmico del Big Bang: la radiación de fondo cósmico. Aquello que durante milenios se había tomado como un cero —un silencio cósmico absoluto— resultó ser una señal tenue, ubicua y profundamente reveladora.

No se trata de un ejemplo excepcional. En física, lo que hoy llamamos cero muchas veces solo indica que algo está por debajo del umbral de detección. A medida que la tecnología avanza, esos umbrales se reubican, y lo que parecía vacío comienza a llenarse de estructura. Partículas que antes eran invisibles se hacen observables. Fluctuaciones cuánticas, campos débiles, ondas gravitacionales: todos fueron ceros antes de que tuviéramos instrumentos para oírlos, verlos o medirlos.

Este desplazamiento del cero no es un problema, sino una señal de progreso. Muestra que el conocimiento no se construye sobre certezas, sino sobre fronteras móviles. Y que esas fronteras están, a menudo, donde los aparatos marcan cero. En el fondo, todo cero experimental es un acto de humildad, pues no estamos diciendo que no haya nada, sino que, por ahora, no podemos afirmarlo. Inquietante.

El vacío inventado: el éter que nunca estuvo

Durante siglos, el universo fue imaginado como un escenario inmenso, oscuro y silencioso, pero jamás del todo vacío. La idea de un espacio completamente desprovisto de materia resultaba inverosímil. ¿Cómo podía la luz recorrer distancias tan enormes sin un medio por el que propagarse? Nadie concebía que una vibración —la luz es una onda, después de todo— pudiera existir sin algo que vibrara. Así nació y se consolidó el concepto del éter luminífero. Una sustancia invisible, imperceptible pero omnipresente, que lo llenaba todo y servía de soporte para la luz y otras interacciones. El éter no era una metáfora, sino un intento serio de darle densidad al vacío, de evitar el escándalo de una nada absoluta.

Esta imagen persistió durante todo el siglo XIX. Incluso algunos de los grandes físicos de la época, como Maxwell o Kelvin, no dudaban de su existencia. El éter era, en cierto modo, un consuelo. Llenaba el espacio con algo, aunque fuera impalpable. El cero, a escala cósmica, quedaba neutralizado.

Pero en 1905 llegó Einstein, y con él, el principio de relatividad especial. En lugar de buscar un medio para la luz, Einstein aceptó lo que parecía inaceptable: que la luz no necesita ningún soporte. Que puede viajar por el vacío sin depender de un éter. Que el vacío, en realidad, es suficiente. Su teoría explicaba con precisión los resultados del famoso experimento de Michelson y Morley, que no había logrado detectar ningún rastro del éter, por más que se buscó. Para Einstein, la solución no era afinar la búsqueda, sino abandonar la idea misma.

Einstein introdujo una visión radicalmente nueva: el espacio y el tiempo no eran el fondo sobre el que ocurren las cosas, sino una estructura física, flexible, afectada por la masa y la energía. Así nació el espacio-tiempo, una entidad geométrica que podía curvarse, contraerse, dilatarse. El vacío dejaba de ser un hueco para convertirse en una forma. Y con esa forma, comenzaba una nueva historia. La historia del vacío como realidad dinámica.

El regreso del vacío como fuerza: la constante cosmológica

Una vez que Einstein redefinió el espacio como algo vivo, moldeable, sensible a la presencia de la materia, surgió una nueva pregunta: ¿qué ocurre cuando no hay nada? Si el espacio-tiempo se curva con la masa, ¿cómo se comporta cuando está vacío? ¿Qué hace el universo cuando no hay estrellas, ni polvo, ni planetas, ni gas, ni luz?

En 1917, al aplicar su teoría de la relatividad general al universo en su conjunto, Einstein se encontró con una predicción incómoda. La predicción de que el universo no podía ser estático. Su propia teoría decía que, si no se encontraba perfectamente equilibrado, el cosmos debía expandirse o contraerse. Pero la observación astronómica de la época —limitada y parcial— sugería que el universo era, en apariencia, inmóvil. Para resolver esa tensión, Einstein introdujo una corrección: una fuerza repulsiva que contrarrestara la gravedad y mantuviera el universo en equilibrio.

Así nació la constante cosmológica, representada por la letra griega Λ (lambda). Era una especie de antigravedad incrustada en la propia estructura del espacio, una energía asociada al vacío que empujaba en sentido opuesto al colapso gravitatorio. No se trataba de una partícula, ni de un campo, ni de una fuerza conocida. Era una propiedad del vacío, una energía de origen misterioso cuya única función parecía ser mantener el universo como Einstein creía que debía ser: quieto.

En su momento, la constante cosmológica no tenía una justificación física clara. Era, más bien, una solución elegante a un problema conceptual. Einstein la introdujo con la misma rapidez con la que luego la retiraría... pero antes de eso, sin saberlo, había plantado una semilla que el siglo XXI terminaría por recuperar.

LA CAÍDA (Y RESURRECCIÓN) DE Λ: ¿ESTAMOS ANTE EL NACIMIENTO DE UNA NUEVA FÍSICA?

En 1929, poco más de una década después de que Einstein propusiera su constante cosmológica, el astrónomo Edwin Hubble observó algo que lo cambió todo: las galaxias se alejaban unas de otras. El universo, lejos de estar en reposo, se expandía. Y no de forma errática, sino siguiendo un patrón. Cuanto más lejos estaba una galaxia, más rápido se alejaba. La expansión era real, medible y generalizada.

Aquello dejó en evidencia a Λ, pues ya no era necesaria. No hacía falta una fuerza repulsiva para mantener el universo estático, porque el universo no era estático. Se estaba estirando por sí mismo. Einstein, al conocer estos resultados, se habría referido a la constante cosmológica como «el mayor error de su vida». Había añadido una corrección que ocultaba, precisamente, la predicción más revolucionaria de su propia teoría: la expansión del universo.

Durante décadas, la constante quedó relegada. Parecía una nota al pie en la historia de la cosmología, un escolio medieval, un desvío innecesario en el camino de la relatividad general. Pero a finales del siglo XX, esa nota al pie comenzó a brillar de nuevo con luz propia. En 1998, dos equipos independientes de astrónomos, al estudiar explosiones de supernovas lejanas, descubrieron algo desconcertante. Acababan de encontrar que el universo no solo se expande, sino que lo hace de forma acelerada.

Esto iba contra toda lógica gravitatoria. Si la gravedad actúa como una fuerza de atracción, la expansión del universo debería ir frenándose con el tiempo, no acelerarse. ¿Qué podía estar impulsando ese crecimiento cada vez más rápido? Las ecuaciones de Einstein volvían a escena, y con ellas, su vieja y despreciada constante cosmológica. Lo que había sido introducido como un artificio matemático recuperó entonces una nueva identidad: la energía del vacío.

Así, Λ resucitó. Pero ya no como corrección forzada, sino como ingrediente central del universo. Una energía omnipresente, invisible, que no interactúa con la materia, pero que determina el destino cósmico. Lo que Einstein descartó como un error, hoy se considera una de las piezas clave del modelo cosmológico moderno.

¿Crees que ha terminado el debate? Para nada. Y tiene pinta de ir para largo. Los resultados más recientes del instrumento espectroscópico DESI (Dark Energy Spectroscopic

Instrument), publicados en marzo de 2025, han producido el mapa tridimensional del universo más detallado jamás creado, basado en la observación de casi 15 millones de galaxias y cuásares. En el marco del modelo cosmológico actual —el llamado modelo ΛCDM, que describe un universo gobernado por materia oscura, energía oscura y una expansión acelerada— se asume que esta energía oscura es constante en el tiempo. Este estudio no solo refuerza la existencia de la energía oscura, sino que sugiere que podría no ser constante, como se pensaba desde el modelo ΛCDM. En lugar de una fuerza fija que actúa uniformemente sobre el universo, los nuevos datos apuntan a una posible evolución de la energía del vacío con el tiempo, lo que obligaría a replantear la base teórica sobre la que se construye la cosmología moderna.

A este giro se suma la creciente tensión en torno a la constante de Hubble. Observaciones del telescopio espacial James Webb, publicadas a finales de 2024, confirman que el universo se expande aproximadamente un 8 % más rápido de lo que predicen los modelos teóricos basados en el fondo cósmico de microondas. Esta discrepancia, ya apuntada por el telescopio Hubble, no ha hecho más que ampliarse, y algunos cosmólogos sugieren que podría deberse a una comprensión incompleta de la energía oscura o incluso a la necesidad de introducir nueva física. En este contexto, la constante cosmológica de Einstein, lejos de ser un vestigio del pasado, se ha convertido en el epicentro de uno de los debates científicos más vibrantes del presente.

ENERGÍA DEL PUNTO CERO: EL MÍNIMO QUE NUNCA ES CERO

En la física clásica, un sistema puede alcanzar el reposo absoluto. Un muelle puede dejar de oscilar, un péndulo puede quedarse inmóvil en el centro, una partícula puede tener energía cero si no se mueve. Es una imagen intuitiva: cuando cesa toda actividad, queda la nada. Silencio.

Pero en el mundo cuántico, eso está prohibido. Incluso en su estado más bajo de energía —el llamado estado fundamental— un sistema sigue vibrando. No porque algo lo perturbe desde fuera, sino porque las leyes cuánticas lo obligan. El principio de incertidumbre no permite que posición y momento se conozcan con precisión simultánea. Si todo se detuviera por completo, sabríamos demasiado. Y la mecánica cuántica detesta los absolutos.

Ese temblor residual, inevitable, es lo que se llama energía del punto cero. No es una energía externa ni una reserva oculta. Es la propia estructura del vacío cuántico, su forma de existir. Incluso el campo electromagnético, en ausencia de cargas, tiene energía. Incluso el espacio vacío, sin partículas ni radiación, guarda una vibración mínima.

Partículas virtuales: visitantes del vacío

Imagina, por un momento, un escenario vacío. No hay partículas, ni luz, ni campos activos. Nada. Y, sin embargo, por debajo de esa apariencia de quietud, algo ocurre, y es que el vacío cuántico hierve fugazmente con entidades que aparecen y desaparecen, como si jugasen a no ser vistas. Se trata de las llamadas partículas virtuales, criaturas efímeras que no habitan el mundo como lo hacen los electrones o los fotones reales, pero que dejan huella.

Estas partículas no son una fantasía matemática. Surgen directamente del principio de incertidumbre, que permite —por muy poco tiempo y en escalas microscópicas— violaciones toleradas de la conservación de la energía. Durante un instante brevísimo, un par de partículas puede emerger del vacío, interactuar, y luego aniquilarse mutuamente, devolviendo la energía prestada al universo. No pueden ser observadas de forma directa, pero su efecto es real: modifican campos, desvían trayectorias, alteran niveles energéticos.

Lo asombroso es que este tipo de fluctuaciones ocurren constantemente, en todos los puntos del espacio. El vacío se convierte en una suerte de escenario dinámico, donde la nada se llena de presencias provisionales. No son partículas en el sentido habitual, porque no cumplen todas las condiciones para ser detectadas como tales, pero sin ellas, muchas predicciones de la teoría cuántica no funcionarían.

No debe tomarse como una curiosidad exótica, pues las partículas virtuales son parte constitutiva del vacío cuántico. Es un teatro microscópico de apariciones fantasmales que transforman nuestra idea de lo que significa «no haber nada».

PRUEBAS FÍSICAS DE QUE EL VACÍO NO ESTÁ VACÍO

En ciencia, las ideas no viven por su elegancia, sino por su capacidad de dejar huella en el mundo real. Y el vacío cuántico, por más abstracto que parezca, deja huella. Si las partículas virtuales, las fluctuaciones y la energía del punto cero fueran solo una acrobacia matemática, bastaría con ignorarlas. Pero no podemos. El vacío se manifiesta.

Uno de los ejemplos más célebres es el efecto Casimir. Imagina dos placas metálicas, planas y paralelas, separadas por una distancia minúscula y colocadas en el vacío. No hay campos aplicados, ni partículas entre ellas. Y sin embargo… se atraen. Lo hacen porque las fluctuaciones cuánticas del vacío son diferentes dentro y fuera del espacio que las separa. No todas las longitudes de onda caben entre las placas, así que la presión del vacío fuera de ellas resulta ligeramente mayor que la del interior. El resultado es una fuerza real, medible, sin contacto físico, nacida de lo que supuestamente no está ahí.

Otro ejemplo es el efecto Lamb, una desviación sutil en los niveles de energía del átomo de hidrógeno. Según la teoría clásica, esos niveles deberían estar perfectamente definidos, pero las observaciones muestran una pequeña alteración. ¿La causa? Las fluctuaciones del campo electromagnético del vacío, que afectan momentáneamente al electrón y modifican su energía.

Hay más: el efecto Unruh, según el cual un observador acelerado detecta una radiación térmica allí donde un observador en reposo no ve nada. O el famoso efecto Hawking, por el cual los agujeros negros emiten radiación debido a las fluctuaciones del vacío en sus cercanías. Ambos efectos nos dicen algo inquietante y es que el vacío no es el mismo para todos. Depende del movimiento, del entorno, del marco de referencia. Ya no es un fondo universal, es una realidad flexible, que se curva, se activa o se disimula según quién lo mire.

Todas estas pruebas apuntan en la misma dirección: el vacío cuántico no es una suposición teórica, sino un actor silencioso pero constante. No es la ausencia de todo, sino la base agitada de todo lo que puede llegar a ser.

¿Y SI EL VACÍO FUERA UN FLUIDO?

No es una metáfora ni una intuición poética. Es una propuesta física. Una que imagina el vacío no como un escenario pasivo ni como un simple campo cuántico ondulante, sino como un medio superfluido real, dotado de propiedades mecánicas y estructurales. Según la teoría del vacío superfluido —o *Superfluid Vacuum Theory* (SVT)— el espacio vacío estaría constituido por una especie de condensado de Bose-Einstein universal. Un fluido cuántico que permanece en reposo absoluto pero que, al ser perturbado, genera toda la fenomenología física que observamos: partículas, campos, interacciones e incluso la geometría del espacio-tiempo.

La idea puede parecer excéntrica, pero encuentra ecos en otras formulaciones físicas. Si la relatividad general interpreta la gravedad como curvatura geométrica, la SVT la interpreta como un fenómeno hidrodinámico emergente. En lugar de considerar que la materia curva el espacio, se propone que la presencia de materia modifica el flujo de este superfluido, lo que genera efectos análogos a los de un campo gravitatorio. Incluso la propia constante cosmológica —el famoso término lambda que obsesionó a Einstein— podría entenderse como una propiedad termodinámica de este vacío cuántico fluido, una especie de presión interna del medio.

El superfluido propuesto no es detectable de forma directa, puesto que no ofrece fricción, no genera rozamiento, no se opone al movimiento. Pero deja huellas. Sus excitaciones, por ejemplo, podrían corresponder a las partículas que conocemos, como si cada partícula elemental fuera una pequeña onda o vórtice en ese mar invisible. Y al igual que ocurre en otros superfluidos, podrían existir topologías complejas, líneas de flujo cuantizadas o defectos que expliquen fenómenos aún misteriosos del cosmos temprano o de la estructura del vacío cuántico.

Este enfoque rompe con una larga tradición. La tradición de considerar el vacío como una nada estructurada por campos. Aquí, el vacío es una sustancia física. No un éter en el sentido clásico, sino una base cuántica superfluida sobre la que se construye toda la física. Una especie de materia universal de densidad infinita, coherente, continua, sin viscosidad, cuyas leyes aún no comprendemos del todo. Una «nada» que lo contiene todo. Y quizás, como tantas veces en la historia de la ciencia, no estemos ante una extravagancia sino ante un retorno inesperado. El eco moderno de una idea antigua que, bajo otro nombre, ha querido regresar. El éter, transfigurado por la mecánica cuántica.

Antes de continuar, conviene trazar una línea divisoria entre dos formas de entender el vacío estructurado. La hipótesis del vacío superfluido propone que el espacio mismo es un fluido cuántico real, un medio continuo en el que se generan, como vórtices o ondas, las partículas y fuerzas del universo. Se trata de una teoría especulativa, sugerente, pero todavía sin confirmación experimental. A continuación, veremos otra propuesta que también otorga al vacío un papel activo en la naturaleza, aunque desde un enfoque completamente distinto y, esta vez, con respaldo experimental. Ambas, en el fondo, comparten algo esencial. Hablamos de la intuición de que el vacío, lejos de ser una ausencia, podría ser la clave oculta de lo que existe.

EL CAMPO DE HIGGS: UN VACÍO QUE PESA

Durante siglos, el vacío fue concebido como un telón de fondo pasivo; solo el siglo XX comenzó a mostrar que quizás escondía estructura. En este contexto aparece el campo de Higgs, una de las ideas más extrañas y fecundas que la física moderna ha producido. A diferencia de otros campos —como el electromagnético, que necesita una fuente para activarse—, el campo de Higgs está siempre activo. No se enciende ni se apaga. Está presente incluso cuando no hay partículas. Su valor no es cero, aunque no se vea ni se mida directamente. Como un océano invisible que lo inunda todo, el campo de Higgs constituye una especie de reposo activo del universo, un fondo energético constante que no desaparece, aunque no haya nada más.

Pero ¿qué significa eso exactamente? Para entenderlo, hay que dejar atrás la intuición clásica. Imaginemos un escenario completamente desprovisto de materia. Nada flota, nada gira, nada vibra. Sin embargo, según la teoría del campo de Higgs, ese espacio no está vacío. Está «lleno» de una sustancia que no tiene forma, ni color, ni textura, pero que se manifiesta cada vez que algo intenta moverse por él. Como si el propio vacío ofreciera resistencia.

El ejemplo más célebre —y probablemente más usado en divulgación— es el de la melaza o el agua espesa. Una partícula que atraviesa ese campo invisible se ralentiza, se arrastra, se ve afectada por una especie de fricción cósmica. Esa fricción no es otra cosa que la adquisición de masa. No porque el campo pese, sino porque estar dentro de él tiene consecuencias físicas. No hay masa fuera del campo de Higgs. No hay lentitud, ni reposo, ni pesadez. Todo eso aparece cuando el vacío deja de ser neutro y comienza a ejercer una influencia invisible pero inevitable.

Aquí es donde la palabra «vacío» empieza a resultar incómoda. Porque no hablamos ya de una ausencia, sino de una presencia constante que no se puede apagar. Un telón que no solo está ahí, sino que da forma a la obra. Y un cero que, contra todo pronóstico, no vale cero.

Los físicos llaman a esto «valor esperado del vacío». Un nombre técnico para una idea profundamente filosófica, pues incluso cuando no hay nada, hay algo. Incluso cuando no hay partículas, hay una estructura de fondo que puede modificarlo todo. El campo de Higgs es esa estructura. No vibra como otros campos, pero existe en estado de mínima energía, como una alfombra tendida sobre el universo. Lo sorprendente es que esa alfombra no es plana. Tiene un pequeño hundimiento, una especie de deformación mínima pero decisiva, gracias a la cual las partículas que interactúan con él emergen con masa. Un universo sin ese pliegue en la alfombra sería un universo sin cuerpos. Sin materia. Sin historia.

Por eso decimos que el campo de Higgs redefine el vacío. Ya no es la ausencia de todo, sino la presencia de un tejido continuo e inevitable. No es que el cero haya desaparecido, sino que se ha vuelto complejo. Como esos silencios musicales que no callan, sino que preparan el estallido de una nota.

LA RUPTURA DE LA SIMETRÍA: CUANDO EL CERO ELIGIÓ UN LADO

Toda simetría encierra una promesa: la de que ningún lugar es especial. Un campo perfectamente simétrico es como una llanura sin accidentes, donde cada punto es idéntico a cualquier otro. En ese paisaje ideal no hay arriba ni abajo, no hay derecha ni izquierda, no hay antes ni después. Tampoco hay masa. Ni dirección. Ni historia.

Así era el universo —o más bien, así lo describe la teoría— antes de que el campo de Higgs «rompiera» su simetría. No fue un estallido ni una explosión. No fue un acto de violencia, sino una elección, una fluctuación mínima, inevitable, que empujó al campo a adoptar una configuración concreta entre todas las posibles. Como si una esfera perfecta, al descansar sobre una mesa, rodara apenas un poco hacia uno de sus infinitos lados. Esa inclinación mínima lo cambió todo.

El resultado fue una ruptura espontánea de simetría. El campo, que hasta entonces era uniforme y homogéneo, se curvó hacia un valor específico. Ese pliegue minúsculo —el mismo que describíamos antes como un «hundimiento» en la alfombra del vacío— permitió que distintas partículas se relacionaran de forma distinta con el campo. Algunas quedaron atrapadas en él y se volvieron pesadas; otras apenas lo rozaron y siguieron siendo ligeras. De ahí emergieron las diferencias fundamentales: masa, fuerza, identidad.

Esto es lo que en física se llama «diversificación del mundo». No es una metáfora, puesto que sin esa ruptura no existirían ni protones ni electrones, ni átomos ni galaxias. No existiría lo sólido, ni lo caliente, ni lo lento. El campo de Higgs no solo otorgó masa, también se convirtió en el criterio oculto que decide qué existe y cómo.

Resulta tentador imaginar que todo esto fue una decisión, pero no lo fue. Nadie eligió romper la simetría. Fue una necesidad termodinámica, un descenso energético hacia un estado más estable. Como cuando el agua se congela y sus moléculas se organizan en cristales, la simetría del líquido da paso al orden sólido. Lo mismo ocurrió con el campo de Higgs, puesto que dejó atrás su indiferencia absoluta para adquirir estructura. El universo, que hasta entonces no tenía ninguna preferencia, empezó a mostrar direcciones, contrastes, propiedades emergentes.

Ese momento —si es que puede llamarse momento— fue, en cierto modo, el primer acto narrativo del cosmos. El cero no desapareció, pero dejó de ser una llanura indiferente para convertirse en un terreno con relieve. El vacío ya no era neutro, ahora tenía identidad.

Lo extraordinario es que esta ruptura no dejó huella directa. No se puede fotografiar, ni medir, ni replicar. Solo se puede deducir. Como quien observa las sombras de una figura que ya no está. Sabemos que hubo simetría porque el mundo aún arrastra sus rastros. Y sabemos que se rompió porque, si no lo hubiera hecho, nosotros no estaríamos aquí para preguntarnos por qué.

EL BOSÓN DE HIGGS: LA SEÑAL DEL VACÍO

Durante décadas, el campo de Higgs fue una hipótesis elegante, pero intangible. Una ecuación más en un modelo teórico que funcionaba demasiado bien como para no ser cierto. Los físicos sabían que algo como el Higgs debía estar ahí. No porque lo hubieran visto, sino porque todo lo demás —las masas, las interacciones, las simetrías rotas— encajaba mejor si ese campo existía. Pero el campo no se dejaba atrapar.

La solución no fue buscar el campo, sino provocar una perturbación en él. Si el campo de Higgs está presente en todas partes, ¿qué ocurre si se le golpea con suficiente energía? La respuesta es que vibra. Y cuando lo hace, esas vibraciones —efímeras, microscópicas, inestables— se manifiestan como una partícula: el bosón de Higgs.

Fue esa partícula la que los físicos se propusieron encontrar. No por simple curiosidad, sino porque su detección suponía algo radical: que el vacío podía responder. Que lo que parecía silencio absoluto escondía una voz. Pero para hacerle hablar, se necesitaba un instrumento gigantesco. El Gran Colisionador de Hadrones (LHC), en Ginebra. Un túnel de 27 kilómetros donde haces de protones son acelerados casi hasta la velocidad de la luz y chocan de frente, lo que genera las condiciones energéticas del universo primitivo.

En 2012, tras años de trabajo, los equipos del CERN anunciaron la observación de una partícula compatible con el bosón de Higgs. No la vieron directamente —nunca se ve directamente—, pero detectaron sus huellas. Los residuos de su desintegración, los ecos de su existencia.

El bosón de Higgs es, en ese sentido, una paradoja. No está hecho de materia, pero otorga masa. No dura más de una fracción de segundo, pero apunta a algo que es eterno. Es una vibración del vacío, una oscilación puntual en un campo que lo envuelve todo. Su hallazgo no trajo consigo aplicaciones inmediatas, ni avances tecnológicos, ni curas para enfermedades. Pero dejó una certeza: que el universo está sostenido por una arquitectura invisible, y que esa arquitectura puede —si se insiste lo suficiente— manifestarse.

EL CERO COMO ABISMO

Entre todos los ceros que la física ha concebido, hay uno que no marca un origen ni un equilibrio, sino un límite violento. Hablamos del concepto y realidad del agujero negro. En él, el cero deja de ser ausencia o neutralidad para convertirse en una forma extrema de concentración. Toda la masa, toda la energía, toda la historia de un objeto colapsan hacia un punto sin volumen, donde la densidad tiende al infinito. Es el lugar donde el espacio ya no se estira ni se curva. Un lugar donde el espacio se «rompe».

Ese punto se llama singularidad, pero no por capricho retórico. Es singular porque las ecuaciones que usamos para describir el universo dejan de tener sentido allí. Como si la realidad se anudara sobre sí misma en un gesto que no podemos deshacer. La materia desaparece como forma reconocible, el tiempo se desfigura, y el vacío, lejos de expandirse, se encierra.

Los agujeros negros no son simplemente objetos muy densos. Son geometrías del límite, lugares donde el cero deja de significar «nada» para volverse todo sin forma. Su existencia no es un detalle exótico, pues son inevitables en la relatividad general, y hoy sabemos que el universo está lleno de ellos. Pero en su centro sigue habiendo algo que no entendemos. Un cero que nadie ha podido mirar y que, sin embargo, marca una frontera infranqueable entre lo que sabemos y lo que intuimos.

¿QUÉ ES UNA SINGULARIDAD?

En física, una singularidad no es simplemente algo extraño. Es un punto donde las reglas dejan de funcionar. Más precisamente, donde las cantidades que describen el espacio-tiempo —como la curvatura o la densidad— se vuelven infinitas. No porque el universo lo permita, sino porque nuestras ecuaciones dejan de poder describir lo que ocurre.

En el caso de un agujero negro, esa singularidad es lo que queda cuando una masa suficientemente grande colapsa bajo su propia gravedad. La teoría de la relatividad general predice que, al no haber ninguna fuerza capaz de frenar ese colapso, la materia se comprime hasta alcanzar un volumen nulo. No un

DALL-E / Autor

Representación artística inspirada en una cámara de burbujas, donde se estudia colisiones de partículas.

punto muy pequeño, sino literalmente cero extensión espacial. Toda la masa concentrada en la nada. Una contradicción física que la teoría no puede resolver.

Pero esa singularidad, curiosamente, no está expuesta al mundo. Está envuelta por el horizonte de sucesos. Se trata de una frontera que impide que cualquier información —luz, partículas, señales— escape al exterior. Desde fuera, nadie puede observar directamente lo que ocurre en ese centro sin espacio. Sabemos que debe estar ahí, porque las matemáticas lo exigen, pero nadie ha visto una singularidad, ni puede hacerlo.

¿Existe entonces como realidad física o es solo un síntoma de que nuestra teoría se ha roto? ¿Es un objeto, una propiedad del espacio, una ilusión matemática? La singularidad es el cero llevado al extremo. No como nada, sino como el lugar donde todo se concentra de forma absurda. Y en ese absurdo, la física calla.

Si la singularidad es el corazón inaccesible del agujero negro, el horizonte de sucesos es su piel, la frontera invisible que lo separa del resto del universo. Se trata de un umbral sin grosor ni sustancia, pero con consecuencias absolutas. Porque una vez que algo lo atraviesa, ya no hay forma de volver atrás.

Lo más desconcertante es que, aunque no podamos ver lo que hay más allá, sabemos que hay algo. El horizonte es el último lugar donde el vacío aún puede parecer vacío. Tras él, las leyes que conocemos colapsan con la materia.

Radiación de Hawking y energía del vacío

En los años 70, Stephen Hawking propuso algo que parecía una contradicción en sí misma que ya habíamos adelantado: los agujeros negros pueden emitir radiación. Si hasta entonces se pensaban como objetos oscuros, cerrados y completamente absorbentes, la idea de que pudieran brillar —aunque débilmente— rompía con todas las intuiciones.

La clave está en el vacío. Pero no en el vacío como ausencia, sino como campo cuántico en permanente fluctuación. Según la mecánica cuántica y como ya habíamos comentado, incluso el espacio vacío no está completamente callado. En él surgen constantemente pares de partículas virtuales, que se aniquilan entre sí antes de poder ser detectadas. Sin embargo, si uno de esos pares aparece justo en el borde del horizonte de sucesos, puede ocurrir que una partícula caiga dentro del agujero negro mientras la otra escapa. A ojos del universo exterior, esa partícula que huye es radiación real.

Este proceso implica una pérdida mínima de energía para el agujero negro. Pero a largo plazo, esa pérdida se acumula. El agujero pierde masa y, si no hay más materia que lo alimente, puede evaporarse completamente. El objeto más oscuro del universo se convierte, con el tiempo, en un destello final de partículas. Y todo esto gracias a un fenómeno cuántico que nace del vacío mismo.

El vacío que miente

Todo en el universo descansa sobre una idea que hemos ido construyendo pacientemente: que existe un estado de mínima energía, una base invisible sobre la que se apoyan las partículas, las fuerzas y las formas. Contiene campos, como el de Higgs, que vibran incluso cuando nada parece moverse. Sostiene las leyes, fija las masas, determina la identidad de las cosas. Pero ¿y si no fuera el estado más estable? ¿Si fuera solo una pausa temporal en un paisaje mucho más vasto?

La hipótesis del «falso vacío» plantea precisamente eso, que el universo actual está atrapado en un mínimo local de energía, un equilibrio aparente, pero no definitivo. Como una bola que ha quedado encajada en un valle, sin saber que más allá hay una depresión aún más profunda. En términos físicos, nuestro universo estaría en una fase metaestable, y todo lo que conocemos —materia, constantes, espacio-tiempo— dependería de esa configuración provisional. No habría señales. Todo seguiría funcionando. Pero no estaríamos sobre roca firme, estaríamos sobre una tensión contenida.

Si esa tensión se resolviera —por una fluctuación cuántica improbable o por un evento remoto— se iniciaría una transición de fase. Aparecería una burbuja de vacío verdadero, donde el campo adoptaría su valor más bajo, y esa burbuja se expandiría a la velocidad de la luz, arrasando todo a su paso. Las leyes físicas cambiarían, las partículas dejarían de tener las mismas masas, los átomos dejarían de ser estables. No habría cataclismo en el sentido tradicional, ya que no lo veríamos venir. Sería un cambio instantáneo y total, como despertar en un universo completamente distinto… o no despertar en absoluto.

Esto no es una predicción, sino una posibilidad que nace de nuestras propias ecuaciones. La estabilidad del vacío depende de parámetros como la masa del Higgs y del quark top, y los valores actuales permiten la existencia de un falso vacío. No implica que el final esté cerca, pero sí que no podemos dar por sentado que el universo está en su forma definitiva. A veces, la estabilidad es solo una ilusión sostenida por la escala del tiempo.

El vacío que llamamos base puede no ser el verdadero. Y si no lo es, todo lo que creemos permanente sería apenas una fase transitoria en la historia cuántica del cosmos. Vivimos dentro de una burbuja que podría pincharse. Un mundo asentado sobre un campo que, algún día, podría dejar de sostenernos.

Hoy, sabemos que el universo entero pudo surgir de una fluctuación del vacío. Que todo lo que existe puede haberse levantado sobre un fondo de energía que no era nulo. El cero ya no es un destino ni un principio, sino una constante en movimiento, un abismo fértil, un molde para la realidad. Y si alguna vez el universo deja de existir tal como lo conocemos, no será por haberse alejado del cero… sino por haber tocado de nuevo su forma más profunda.

No hay nada más lleno de posibilidades que un cero dispuesto a romperse. El cero: lo que parece la nada ha sido siempre el motor secreto de todo.

8

MÁS ALLÁ DEL NÚMERO: EL CERO COMO SÍMBOLO EN LA CULTURA

Este capítulo no se parece a los anteriores. No pretende hacerlo. Hasta su forma es distinta. Aquí no hay tantas fechas. Ni tantos nombres. Ni tantas batallas del conocimiento. Hay otra cosa.

Aquí está el vacío. No el vacío matemático. No el físico. No el técnico. Aquí está el vacío que late en las religiones, en las filosofías, en las músicas, en las palabras. Y por eso, la propia estructura del texto ha tenido que cambiar. Aquí las frases son a veces más cortas. Los silencios entre párrafos más largos. Hay huecos. Hay pausas. Hay respiraciones. No son un descuido. Son parte de lo que se quiere contar. Y hay repeticiones deliberadas: replicamos con insistencia palabras como vacío, hueco, silencio o neutro. Solo te pido atención y que vuelvas a leer estos dos párrafos cuando llegues al final.

El vacío como espejo: lo que las culturas ven cuando miran la nada

No todas las culturas ven lo mismo cuando se asoman al vacío. O, mejor dicho, cuando se asoman a la idea de vacío. Hay quien ve un peligro. Hay quien ve una promesa. Y hay quien prefiere mirar hacia otro lado, no vaya a ser que, en ese hueco, acabe encontrándose a sí mismo.

Lo curioso es que el vacío nunca ha sido solo una cuestión matemática o filosófica. Es mucho más incómodo que todo eso. El vacío es, en realidad, un espejo. No refleja lo que está fuera, sino lo que llevamos dentro. Como el cuadro de *El retrato de Dorian Gray*, la novela de Oscar Wilde, ese espejo no devuelve una imagen fiel del exterior, sino una proyección de lo que más tememos o deseamos: dioses, monstruos, demonios, serenidad, muerte, eternidad o absoluto silencio.

Algunas culturas no han soportado esa presencia muda del vacío y se han lanzado a taparlo con todo tipo de recursos. Uno de los caminos, como hemos visto, fue el *horror vacui* de los artesanos medievales. En otras ocasiones han sido las cosmogonías que describen un universo en perpetuo desbordamiento: caos inicial, batallas cósmicas, dioses enfrentados, una nada siempre a punto de romperse y devorarlo todo.

Otras culturas han reaccionado justo al revés. Han dejado que el vacío estuviera. Que el espacio vacío no fuese un enemigo, sino un lugar natural. El budismo, el taoísmo o ciertas corrientes filosóficas de Oriente miraron al vacío sin pánico. Vieron en él no un hueco que había que rellenar, sino un espacio donde podían pasar cosas. El vacío como oportunidad. El vacío como equilibrio. El vacío como una forma más de existir.

Este contraste entre quienes llenan y quienes aceptan es un termómetro cultural. Dice mucho sobre cómo cada civilización ha entendido el mundo y sobre lo que ha considerado importante. Porque hay un fondo común a todas estas visiones:

DALL·E / Autor

En algunas culturas, el vacío y el cero son un castigo.

el vacío no deja indiferente a nadie. O lo cubres. O lo cultivas. Pero ignorarlo es imposible.

Y tal vez, justo ahí, esté la clave de este capítulo. Hablar del vacío, al final, es hablar de nosotros mismos. Porque el vacío es como las preguntas difíciles. No molesta por lo que tiene, sino por lo que nos obliga a ver cuando lo miramos. Nos enfrenta al límite de lo que somos, de lo que sabemos y de lo que no estamos preparados para decir.

LAS RELIGIONES DEL MIEDO AL VACÍO

En algunas culturas, el vacío es un espacio de calma. En otras, un territorio de peligro. Y luego están las religiones que lo han convertido directamente en amenaza. Un aviso. Un lugar que no debería existir y que, si existe, solo puede ser síntoma de que algo ha salido mal.

El vacío, en esos casos, no es un principio. Es un castigo.

Porque quedar vacío, para muchos, ha sido siempre lo peor que podía ocurrirle a algo o a alguien. Un alma vacía. Un templo vacío. Una ciudad vacía. Incluso un dios vacío de creyentes. Todas esas ideas comparten algo más que metáfora: comparten terror. No es solo que falte algo. Es que lo que falta lo era todo.

El vacío se convierte entonces en una forma de condena. El infierno mismo, en algunas tradiciones cristianas, no es exactamente un lugar de fuego y azufre, sino de ausencia. La peor de las ausencias: la de Dios. No hay mayor soledad que esa. No hay mayor vacío que el de sentirse irremediablemente lejos de toda presencia, de toda voz, de todo consuelo.

A veces se olvida, pero los primeros miedos de la humanidad al vacío no fueron matemáticos ni físicos: fueron emocionales. Y de esa emoción nacieron visiones del mundo en las que la nada era algo a evitar, a llenar, a bloquear. El propio relato bíblico del Génesis empieza precisamente ahí, en un vacío inquietante, oscuro, informe. «La tierra estaba desordenada y vacía», dice el texto. Y ese vacío no era un espacio listo para ser decorado. Era un problema. Un estado de caos que había que domar, iluminar, poblar. Lo que existe aquí, ahora, es lo bueno. Lo que no existió no puede ser bueno. No lo concebimos.

No solo el cristianismo imaginó el principio de todo como una especie de nada peligrosa. Los griegos hablaban del *caos*, pero ese *caos* no era un desorden simpático, ni mucho menos un lienzo en blanco. Era lo informe. Lo que no tenía sitio, ni forma, ni medida. Una especie de anti-universo al que había que arrancarle poco a poco las piezas del mundo.

Lo mismo ocurre en otras cosmogonías antiguas, donde el universo arranca de un vacío que hay que vencer. En ocasiones, es agua infinita. O un abismo. O una oscuridad tan densa que apenas puede llamarse espacio.

Y cuando ese vacío inicial queda derrotado, cuando llega la luz, el orden y las cosas empiezan a tener nombre, número y lugar… entonces nace el mundo. Y entonces, de algún modo, nace también el miedo a que ese vacío regrese.

Por eso, en muchos sistemas religiosos, el vacío no solo está en el origen, sino también en el final. Cuando todo se pierde. Cuando todo se olvida. Cuando las almas se alejan. Cuando el infierno es frío, oscuro y mudo.

El vacío también ha sido, muchas veces, un arma. Un castigo cuidadosamente diseñado. Los monasterios medievales lo sabían bien. El silencio absoluto, el aislamiento, las celdas desnudas… no eran solo recursos de recogimiento espiritual. Eran pruebas. Y a veces, castigos. No hay peor enemigo para una mente inquieta que un espacio sin ruido. Ni peor tortura que el eco de uno mismo.

Pero hay torturas que se buscan. Un ejemplo es la «sonada» cámara anecoica de Microsoft. Situada en su sede de Redmond, fue diseñada para ser el lugar más silencioso del mundo y así lo certificó el *Libro Guinness de los Récords* en 2015. Se trata de un cubo de más de seis metros por lado, construido con seis capas de hormigón y acero, y aislado del edificio mediante una base de muelles que amortiguan cualquier vibración. En su interior, cuñas de fibra de vidrio cubren todas las superficies para absorber completamente las ondas sonoras. El resultado es un silencio tan absoluto —registrado en -20,3 decibelios— que el propio cuerpo empieza a revelarse. Uno puede oír su respiración, su corazón e incluso el flujo de la sangre. Este nivel de quietud resulta tan perturbador que nadie ha conseguido permanecer más de una hora dentro de la sala.

En los exilios más duros, en las condenas más despiadadas, siempre aparece el vacío: soledad, oscuridad, silencio. El vacío como espacio de penitencia, como laboratorio del arrepentimiento, como frontera invisible que separa al condenado del resto del mundo. Hay cárceles famosas no por sus barrotes, sino por sus huecos. Por sus paredes desnudas. Por sus silencios inabarcables.

Algunas cárceles modernas han sido denunciadas por utilizar el silencio, el vacío arquitectónico y la privación sensorial como formas de tortura psicológica. Es el caso de la Unidad H de Tamms (Illinois, EE. UU.), donde los presos permanecían aislados casi por completo, en celdas sin ventanas ni sonidos, lo que generaba alucinaciones y deterioro mental, hasta su cierre en 2013. También la prisión ADX Florence (Colorado), conocida como la «Alcatraz de las Rocosas», mantiene a sus internos en celdas de hormigón sin estímulos visuales ni auditivos, en completo aislamiento durante 22 o 23 horas diarias. En ambos casos, la arquitectura del vacío —espacios cerrados, sin ecos ni contacto humano— actúa como una herramienta punitiva que puede quebrar la estabilidad mental de los reclusos.

Hasta la arquitectura religiosa ha combatido el vacío con obsesión. En algunos templos medievales, en ciertas mezquitas, en numerosas sinagogas, se percibe ese horror al hueco. Columnas, frescos, arabescos, vidrieras… cualquier rincón era una oportunidad para negar la nada. No dejar un espacio libre era, al final, una forma de expulsar al vacío. De domesticarlo. De recordar que aquel lugar estaba lleno: de símbolos, de voces, de significados, de fe.

Ese impulso por repudiar el vacío se manifiesta en templos de todo el mundo. En la basílica de San Marcos de Venecia, por ejemplo, los mosaicos dorados cubren bóvedas y muros como un cielo narrativo sin fisuras. En la Mezquita-Catedral de Córdoba, el bosque de columnas y los arcos entrelazados construyen una repetición visual que anula cualquier hueco. En la sinagoga Pinkas de Praga, las paredes están completamente cubiertas por los nombres de las víctimas del Holocausto, como si escribirlos fuera una forma de llenar el silencio con memoria. Incluso en humildes iglesias románicas, los capiteles tallados, los frescos y los retablos luchan contra la desnudez del muro. Cada rincón ocupado, cada superficie decorada, parece gritar que el vacío no tiene lugar en lo sagrado.

Resulta revelador que tantas, y tan distintas, hayan compartido la sospecha de que el vacío es inquietante. Puede que allí habite el caos. Puede que allí reine el castigo. Quizá por eso, en tantas religiones, el vacío no es un lugar al que llegar. Es un lugar del que huir.

LAS RELIGIONES DEL ABRAZO AL VACÍO

No todas las culturas se han asomado al vacío con temor. No todas lo han visto como un espacio que había que llenar cuanto antes. Mientras en muchos rincones del mundo antiguo el vacío se asociaba al castigo, a la ausencia o al desorden, hubo tradiciones que aprendieron a sentarse dentro de él. A observarlo sin prisa. A entender que ese hueco no era una amenaza, sino un espacio necesario.

Frente al vacío como condena, el vacío como descanso.

Es una diferencia enorme. Porque cambia por completo el lugar desde el que uno mira la nada. En algunas religiones, el vacío no es lo que falta, sino lo que permite que todo lo demás exista. No es un problema. Es una condición.

Lo decía el *Tao Te Ching*, ese texto esencial del taoísmo, con la claridad de las ideas que no necesitan demasiadas palabras, se resume de este modo:

> Hacemos un cuenco de arcilla, pero su utilidad está en el vacío que contiene.

La frase, que parece un juego de niños, esconde una de las intuiciones más poderosas de toda la filosofía oriental. Lo importante no es la arcilla. Lo importante es el espacio que queda dentro. Lo invisible. Lo hueco. Lo disponible. El lugar donde algo puede ocurrir.

El vacío, entonces, deja de ser amenaza para convertirse en posibilidad.

No es lo que falta. Es lo que permite.

Y ese giro cambia radicalmente la relación de muchas religiones con el concepto de la nada. Donde Occidente vio peligro, Oriente vio espacio. Donde unos vieron castigo, otros vieron calma.

El budismo, al que ya pudimos acercarnos, elevó el vacío a la categoría de liberación. El *śūnyatā*, término sánscrito habitualmente traducido como «vacío» o «vaciedad», no describe una ausencia de existencia física, sino un estado mental y espiritual en el que uno se desprende de sus ataduras. El vacío no es la nada exterior. Es la nada interior. Es lo que queda cuando dejas de estar obsesionado con lo que tienes, con lo que pierdes, con lo que deseas o con lo que temes.

Vacío no significa soledad. Vacío significa ligereza.

Resulta curioso cómo, en las enseñanzas budistas, el camino hacia la sabiduría pasa precisamente por vaciarse. No por acumular más ideas, más objetos o más certezas, sino por desprenderse de ellas. No es la cabeza llena la que alcanza la serenidad, sino la cabeza despejada.

Ese modo de mirar el vacío se percibe también en los gestos más cotidianos de la tradición zen. El jardín japonés, por ejemplo, no es un derroche de plantas y flores. Es un espacio con piedras, arena, huecos cuidadosamente diseñados. El silencio forma parte de la música. Las pausas forman parte del gesto. El espacio en blanco no es descuido: es estilo.

Y al otro lado del mundo, aunque con otras formas, el hinduismo también integró la idea de vacío en su visión cíclica del universo. Aquí no se trata tanto de un vacío interior o mental, sino de uno cósmico. El universo respira. Nace, se expande, se contrae, desaparece... y vuelve a empezar. La creación y la destrucción no son enemigos, son fases de un mismo proceso.

La nada no es el final. Es la preparación para el siguiente principio.

De hecho, muchas de las representaciones del dios hindú Shiva, en su faceta de destructor, no lo muestran como un villano apocalíptico, sino como el que limpia el terreno para que algo nuevo pueda surgir. Destruir, vaciar, hacer espacio… es crear de otra manera.

Resulta fascinante observar cómo estas religiones, tan alejadas geográficamente de las culturas occidentales, coinciden en un punto esencial: el vacío es necesario. El vacío es útil.

El vacío, en el fondo, es amigo.

EL VACÍO COMO SÍMBOLO FILOSÓFICO

Las religiones miraron el vacío con emoción. La filosofía lo hizo con sospecha. Porque si el vacío, en las religiones, podía ser cielo o infierno, liberación o condena, en la filosofía pasó a ser otra cosa: un problema. Un espacio incómodo que no estaba fuera, sino dentro de las propias ideas.

El vacío filosófico no es el silencio del monasterio, ni el cuenco del taoísmo, ni el caos de las cosmogonías antiguas. Es otra cosa, un hueco dentro del pensamiento, un territorio al que las palabras no llegan o un lugar en el que los conceptos se quedan cortos y donde las certezas empiezan a temblar.

El nihilismo lo vio muy claro y lo puso en el centro de sus preocupaciones. La palabra misma lo dice todo: *nihil* significa *nada*. Pero no una nada cualquiera. No una nada espacial, geométrica o matemática. Es la nada que aparece cuando el sentido de las cosas se derrumba. Cuando los grandes relatos fallan. Cuando las explicaciones del mundo ya no convencen. El nihilismo no nació en un laboratorio, sino en un mundo que empezaba a quedarse vacío de fe, de verdades absolutas, de dioses creíbles.

Nietzsche lo detectó antes que nadie. Es famoso por sus sentencias incendiarias —«Dios ha muerto»—, pero lo importante no era la frase, sino lo que venía después: ¿qué queda cuando todo eso desaparece? ¿Qué pasa cuando el mundo se queda sin su manual de instrucciones?

El vacío, entonces, no está fuera. Está dentro.

Y eso era lo verdaderamente inquietante, que el vacío podía estar no en el cielo, ni en el infierno, sino justo detrás de la frente de cada ser humano. Un hueco que se nota al mirar alrededor y no encontrar nada sólido a lo que agarrarse.

El existencialismo heredó esta inquietud y le dio una vuelta de tuerca. Bien, estamos solos, pero ¿y qué? Si el mundo no tiene sentido previo, si no hay esencia garantizada, si nada ni nadie viene a decirnos qué somos… entonces todo queda en nuestras manos. La nada, paradójicamente, se convierte en libertad.

Nos lo explica Sartre con una mezcla de lucidez y crueldad: «El hombre está condenado a ser libre». Condenado porque esa libertad no es un regalo, sino una carga. Es el peso de tener que inventarse a uno mismo en medio de un vacío de instrucciones. Esa sensación —la de estar lanzado al mundo sin guion previo, sin esencia que nos defina— recorre *La náusea*, donde el protagonista se enfrenta a lo absurdo de la existencia como quien se asoma a un abismo sin fondo. No hay excusas, ni hay destino marcado. No hay forma previa. Somos un molde vacío que hay que rellenar desde cero.

El vacío vuelve a aparecer, sí. Pero esta vez no como castigo, sino como escenario.

Camus, otro de los grandes nombres del existencialismo, lo retrató de forma magistral en *El mito de Sísifo*. Allí está el absurdo, ese vacío enorme entre lo que el ser humano busca —sentido, orden, propósito— y lo que el mundo ofrece —silencio, indiferencia, vacío. Sísifo empuja su piedra cuesta arriba, sabiendo que volverá a caer. Pero sigue empujando. Porque, quizá, en ese gesto inútil reside toda la dignidad humana. Esa misma dignidad aparece encarnada en *El extranjero*, donde Meursault habita un mundo vacío de sentido y, en lugar de rebelarse contra él, lo acepta sin adornos, sin máscaras sociales, sin consuelo religioso, sin esperanza de redención. Solo el presente, la conciencia, y una lucidez brutal frente al vacío.

Más allá del nihilismo y del existencialismo, el vacío filosófico ha aparecido de muchas otras formas.

Los epicúreos, en la antigua Grecia, ya hablaban de él cuando intentaban explicar el movimiento de los átomos. Estos solo pueden desplazarse porque existe vacío entre ellos. Lo sólido absoluto, lo lleno total, sería inmovilidad. El vacío, una vez más, es lo que permite que algo ocurra.

El escepticismo, otra corriente antigua, convirtió el vacío en un método. Aceptar que no sabemos. Aceptar que hay huecos. Aceptar que no todo tiene respuesta. No como derrota, sino como postura sensata ante un mundo demasiado amplio y un cerebro demasiado pequeño.

Más cerca en el tiempo, filósofos como Wittgenstein o Heidegger volvieron a tropezar con el vacío, esta vez en los límites del lenguaje. ¿Qué pasa cuando algo es tan complejo, tan absoluto o tan radicalmente otro que no se puede decir? Ahí está el vacío otra vez. No en el mundo, sino en nuestras palabras, en nuestros conceptos, en nuestras posibilidades de expresión.

Wittgenstein lo resumió en una de sus frases más famosas: «De lo que no se puede hablar, mejor es callarse».

Y ese callarse, esa pausa, ese silencio, no es derrota. Es reconocimiento.

En el fondo, el vacío siempre ha tenido esa doble cara en la filosofía. Por un lado, es lo que nos inquieta porque no sabemos llenarlo; por otro, es lo que nos salva de decir banalidades cuando ya no sabemos qué más decir. Para la filosofía, el vacío nunca ha sido un sitio en el que quedarse a vivir. Ha sido, más bien, un sitio del que intentar salir pensando.

Aunque —y esto lo saben bien todos los que han pasado por allí— hay vacíos de los que uno nunca vuelve del todo.

¿Y NOSOTROS? EL VACÍO EN LA CULTURA ACTUAL

Creíamos haber domesticado al vacío. Creíamos haberlo dejado atrás, convertido en un viejo problema griego, en una rareza de las religiones orientales o en un juego mental de los filósofos. Pensábamos que el vacío pertenecía al pasado. A otros. A mundos menos prácticos que el nuestro.

Pero el vacío no se ha ido. Solo ha cambiado de lugar.

Ya no vive en las cosmogonías. Vive en nuestras conversaciones. Ya no se esconde en tratados de metafísica. Está en nuestras frases más cotidianas.

«Me siento vacío».

«Desde que se fue, noto un vacío dentro».

«Hay un vacío que no consigo llenar».

Es curioso. No hablamos del vacío como un espacio físico. Hablamos del vacío como un hueco emocional. No nos referimos a un agujero en la pared, sino a uno en el pecho.

El lenguaje moderno está lleno de estos pequeños recordatorios de que el vacío sigue ahí, esperando su momento. Partimos de cero, empezamos de cero, nos quedamos en blanco. Buscamos llenar huecos. Evitamos los silencios. Tapamos las pausas. Tememos lo que no ocurre.

Y claro, si el lenguaje lo refleja, la cultura lo multiplica.

Vivimos en una época que no soporta el vacío. Pero no el vacío cósmico, ni el matemático, ni siquiera el religioso. Nuestro miedo es mucho más doméstico: tememos el minuto sin estímulo, la tarde sin plan, el paseo sin auriculares, la espera sin móvil.

Quizá por eso resultó tan desconcertante —y tan revelador— lo que ocurrió durante el apagón del 28 de abril de 2025 en España. La electricidad se fue, las pantallas se apagaron y, por unas horas, nos quedamos a solas con el tiempo. No hubo series, ni redes, ni notificaciones. Y, sin embargo, muchas personas aprovecharon ese hueco imprevisto para hacer algo que ya no sabían hacer: estar. Hablar con sus hijos. Escuchar sin prisa. No hacer nada. Como si, de pronto, el vacío dejara de ser amenaza para convertirse en refugio.

Pero aquello fue una vivencia volátil. Nos rodeamos de pantallas, sonidos, notificaciones, actividad constante. El vacío para nosotros no está allá afuera. Está en ese instante —terrible— en el que desbloqueas el teléfono y no tienes ningún mensaje. En ese segundo —vertiginoso— en el que te das cuenta de que no sabes qué hacer con tu propio tiempo.

Por eso llenamos. Llenamos compulsivamente.

Abrimos redes sociales no tanto por curiosidad como por defensa. Reproducimos series de fondo no tanto por interés como por no estar solos con nuestros pensamientos. Miramos el móvil en la cola del supermercado, en el ascensor, en el baño. No por necesidad. Por pánico.

Horror vacui versión wifi.

Y lo paradójico es que, en medio de esta cultura del llenado constante, el vacío ha encontrado su nicho de mercado. Un nicho muy rentable, por cierto.

Pagamos por silencio. Pagamos por parar. Pagamos por desconectar. Porque no sale de nosotros.

Ahí están los cursos de *mindfulness,* las apps de meditación, los retiros de silencio, las vacaciones *digital detox.* Compramos velas aromáticas con etiquetas que prometen paz interior. Buscamos minimalismo en los objetos y también en las emociones.

Es decir, llenamos nuestra agenda de actividades cuyo objetivo es conseguir un vacío que nos aterra cuando aparece solo.

Resulta casi cómico, pero también es profundamente humano.

Porque el vacío no ha desaparecido. Ha cambiado de cara. Se ha vuelto silencioso, invisible, intermitente. Está ahí cuando acabamos una serie y no sabemos qué ver después. Está ahí cuando pasamos página en redes sociales y nada nos sorprende. Está ahí cuando nos detenemos —por un segundo— y sentimos que nos falta algo... aunque no sepamos qué.

Es interesante recordar que el vacío, en nuestra cultura, también se ha convertido en estética. El minimalismo lo ha convertido en tendencia. Los espacios vacíos en arquitectura, los silencios en la música, los colores neutros, los logos sencillos, los diseños sin ruido visual.

Ahora el vacío, bien controlado, da prestigio. Es elegante. Es diseño.

Pero solo si viene con un manual de instrucciones.

Porque el vacío sigue asustando cuando llega sin avisar. Cuando aparece en mitad de la noche, cuando cae un silencio incómodo en una conversación, cuando el domingo por la tarde se alarga demasiado y el lunes parece una eternidad.

Quizá por eso, al final, seguimos en el mismo charco que aquellos antiguos pensadores o aquellos viejos monasterios.

El vacío no se combate con más cosas. No se combate con más actividad. No se combate con más palabras.

Hay huecos que no se llenan.

Hay huecos que solo se atraviesan.

Y quizá el mayor poder del vacío no es asustarnos. Es recordarnos, cada vez que aparece, que a veces el verdadero problema no es que falte algo... sino que no sabemos estar con lo que queda.

Nosotros mismos.

El cero musical

Hay un tipo de vacío que no se ve, pero que se escucha. O mejor dicho, que se siente, precisamente porque está vacío.

En música, el silencio no es un accidente. No es un fallo. Es parte de la partitura. Es un signo con su propio nombre, su propia duración, su propio valor. No hay obra musical —ni la más sencilla ni la más compleja— que no esté construida, al menos en parte, con silencios.

En el lenguaje técnico, cada figura musical tiene su equivalente en silencio. Existe la redonda y existe el silencio de redonda. Existe la negra y existe el silencio de negra. Cada uno con su duración precisa, su tiempo exacto, su hueco deliberado dentro del flujo sonoro.

Pero el silencio en música no es solo cuestión de técnica, sino de equilibrio. Es lo que permite que las notas respiren, que los compases tengan vida, que las melodías se escuchen de verdad. Sin silencios, la música sería una avalancha interminable de sonidos sin pausa. Un torrente ininterrumpido que acabaría agotando al oído más entrenado.

El silencio organiza. El silencio ordena. El silencio destaca lo que viene antes y lo que viene después.

En jazz, por ejemplo, los silencios son puro nervio. Una pausa en el momento justo puede levantar más expectación que cualquier solo de virtuosismo. En flamenco, los silencios afilados antes de un quejío o de un remate final son tan importantes como el cante mismo. Y en la música clásica, las pausas no son meros descansos, son parte activa de la expresión.

Podríamos decir, sin exagerar, que el silencio es el cero de la música. No representa ausencia de música. Representa el espacio donde la música ocurre con más claridad.

El caso de John Cage y su obra *4'33"* es quizá el ejemplo más radical y, al mismo tiempo, más honesto de esta idea. En esa pieza, el intérprete no toca ni una sola nota durante cuatro minutos y treinta y tres segundos. El resultado no es un vacío absoluto. Todo lo contrario, pues el público empieza a escuchar lo que normalmente ignora. Las respiraciones. Los pequeños ruidos de la sala. El crujido de una butaca. Los pasos en el pasillo. El mundo sonando sin partitura.

En cada uno de los tres movimientos de *4'33"*, John Cage anotó una única instrucción: *tacet*, término latino que significa «calla». Es una indicación habitual en la partitura cuando un instrumento debe guardar silencio, pero en esta obra se convierte en el único gesto musical. Al escribir *tacet*, Cage no pedía inacción, sino atención. El silencio, elevado a categoría de sonido, se transforma así en protagonista. Como el cero en matemáticas, el *tacet* en esta pieza no niega la música, la redefine. Invita a repensar qué consideramos música, quién la produce y en qué momento comienza realmente a sonar.

El silencio es tan importante en música que tambiénse representa.

El silencio musical tiene mucho que ver con el cero matemático. Ambos cumplen la misma función invisible, es decir, hacer posible el sistema entero. En las matemáticas, el cero permite que los números se ordenen, se multipliquen, se dividan, se sitúen. En la música, el silencio permite que las notas respiren, que las melodías se entiendan, que el ritmo exista.

El cero, igual que el silencio, no es un vacío pasivo. Es un vacío activo. No está ahí por descuido. Está ahí porque sin él nada funcionaría igual.

Quizá por eso, cuando escuchamos una gran obra musical, muchas veces lo que más recordamos no es solo lo que sonó... sino lo que no sonó.

La nada escrita: el vacío tipográfico

Hay vacíos que se escuchan. Hay vacíos que se sienten. Y hay vacíos que se ven. Mejor dicho: que se leen. O que se intuyen, justo donde no hay nada escrito.

En el mundo de la escritura, el vacío tiene nombre propio: el espacio en blanco. Ese territorio silencioso que separa las palabras, organiza los versos, da forma a los márgenes, respira entre párrafo y párrafo.

Igual que en la música, el vacío tipográfico no es un error. No es un descuido. Es parte esencial de la composición.

Desde hace siglos, los poetas lo han sabido mejor que nadie. Un poema no solo vive de sus palabras. Vive también de sus huecos. Del espacio que queda antes de empezar. Del salto brusco de un verso aislado. Del blanco que rodea una palabra cuando necesita decir más desde el silencio que desde el exceso.

El espacio en blanco no interrumpe. Potencia.

Sucede lo mismo en la prosa, en el ensayo, en el diseño de cualquier página. No hay nada más inquietante que una página demasiado llena, sin márgenes, sin pausas, sin respiro. Es el equivalente visual del ruido constante.

Sin embargo, esa misma página en blanco, cuando está vacía del todo, produce otro tipo de vértigo. El del escritor.

No hay vacío más aterrador en la cultura contemporánea que el de la página en blanco. Es el *horror vacui* del creador, del poeta, del periodista, del novelista enfrentado a la ausencia absoluta de palabras.

No es solo que falte algo. Es que puede estar todo. Y eso bloquea.

Una página en blanco no está vacía de verdad. Está llena de posibilidades. Es un espacio que todavía no ha elegido qué ser. Y por eso mismo, da miedo.

Escribir, al final, es un acto de domesticación del vacío. Elegir qué palabras sí, pero también qué palabras no. Decidir cuántos espacios dejar. Cuántos silencios permitir. Cuánto margen regalarle al lector.

Es el día a día de los diseñadores gráficos, los editores, los tipógrafos: el espacio en blanco es diseño puro. Es elección estética, limpieza, elegancia, claridad. El minimalismo no es pobreza visual. Es control del vacío.

Los logos más potentes, las portadas más hermosas, los libros mejor maquetados no solo funcionan por lo que dicen o muestran. Funcionan por lo que callan. Ese silencio visual tiene nombre propio, se llama «espacio negativo». Se trata de las zonas vacías que, sin ocupar nada, dan forma a todo. Un hueco bien colocado puede decir más que mil ornamentos.

Porque escribir bien —igual que componer música o diseñar un edificio— es también saber retirarse a tiempo. Es saber dejar sitio. Es entender que el vacío, cuando está donde debe estar, no resta. Suma.

Por eso, quizá, el espacio en blanco es el verdadero cero de la escritura. No dice nada.

Pero lo permite todo.

CERRAR EL CÍRCULO

Pero lo curioso es que el vacío, ese enemigo tan temido, es también lo único que a veces nos salva.

Porque un silencio bien puesto puede ser más elocuente que cualquier discurso.

Porque un espacio libre permite moverse.

Porque un hueco en la agenda es un pequeño acto de libertad.

Porque un cero, colocado en su sitio, puede cambiar el valor de toda una cifra.

Nos cuesta entenderlo porque vivimos rodeados de ruido. Ruido en las calles, ruido en las casas, ruido en las redes. Ruido visual, mental, emocional. Y en medio de ese exceso olvidamos algo esencial: lo que no está, también cuenta.

Tal vez por eso este capítulo tenía que acabar así. No con cifras. No con ecuaciones. No con una teoría más sobre el cero. Sino con lo que el vacío hace cuando se convierte en escritura. Un vacío que organiza, ordena, limpia, da espacio, da sentido. Leer entre líneas.

¿Recuerdas lo que te pedí al empezar? Que volvieras a leer aquellos dos párrafos. Este es ese momento.

Porque eso es el cero en este libro. No solo un número. No solo una idea. Es lo que está en los huecos, en los márgenes, en los silencios de cada página. Es el espacio que rodea a las palabras y las deja brillar. Como el vacío que separa un verso de otro. Como el blanco que envuelve las notas de una melodía. Como un círculo perfecto que, al cerrarse, vuelve siempre al mismo lugar. Ese círculo es este capítulo redondo, tan vacío como lleno.

9

EL CERO QUE GOBIERNA LA ERA DIGITAL

Lo hemos venido repitiendo: hubo un tiempo en que el cero era un número incómodo. No era bienvenido en los templos de la sabiduría griega, ni en los meticulosos registros de los escribas egipcios, ni siquiera en los cálculos cotidianos de los comerciantes de Roma. Durante siglos, su existencia fue una rareza cultural, un concepto que generaba más desconfianza que admiración. El vacío, lo ausente, lo que no está, era un problema filosófico y no una herramienta de cálculo. El cero comenzó su andadura en el mundo como un forastero, una idea extraña que nació en la India y que poco a poco se fue abriendo paso hasta ocupar un lugar en las matemáticas y, con el tiempo, en la vida cotidiana. Pero lo que nadie pudo prever es que, tras siglos de sospecha y resistencia, el cero acabaría protagonizando una de las mayores conquistas de la historia. La revolución del mundo digital.

Hoy el cero matemático, aparentemente, ya no despierta debates teológicos ni provoca discusiones entre sabios. No se escriben tratados sobre su existencia ni se celebran disputas públicas sobre su conveniencia. No lo vemos, no lo pensamos, no lo tememos. Y, sin embargo, gobierna nuestras vidas con una eficacia que ni los viejos matemáticos de la India ni los mercaderes de la Europa medieval habrían podido imaginar. Porque el mundo moderno, ese universo de pantallas, redes, datos y algoritmos en el que pasamos buena parte de nuestra existencia, está construido, de arriba abajo, con ceros y unos.

Resulta fácil olvidar que, detrás de cualquier fotografía almacenada en un móvil, de cualquier canción que escuchamos en una plataforma digital o de cualquier mensaje que enviamos por una aplicación de mensajería, no hay otra cosa que largas secuencias de ceros y unos. Todo lo que vemos, leemos, escuchamos, compartimos, pagamos, almacenamos, tememos perder o protegemos celosamente con contraseñas y sistemas de seguridad, absolutamente todo se reduce a una cadena inmensa de ceros y unos danzando a una velocidad inalcanzable para la mirada humana. Presumimos de complejidad, de hiperconexión y de tecnología de vanguardia. Pero todo sigue dependiendo de la idea más simple que ha producido jamás el pensamiento matemático: que se puede construir un universo entero con solo dos símbolos.

El código binario es más que «un idioma», es el lenguaje secreto que sostiene la estructura de la sociedad contemporánea. Y el cero, el viejo símbolo que nació para representar la nada, se ha convertido en el guardián silencioso de casi todo lo que hacemos. Resulta irónico, incluso poético, que aquello que nació para indicar un hueco o una ausencia se haya convertido, precisamente, en la pieza fundamental sin la cual el mundo digital colapsaría.

Este capítulo es un viaje a ese reino invisible donde el cero gobierna sin ser visto, donde el poder ya no reside en ejércitos, en fronteras o en metales preciosos, sino en la capacidad de controlar flujos de información. Un mundo donde las ideas viajan a la velocidad de la luz, pero siempre codificadas en el mismo lenguaje primitivo y prodigioso: el de los ceros y los

Cascada digital estilo Matrix, con ceros y unos.

unos. Un mundo que no existiría sin ese pequeño símbolo nacido hace más de mil años en un rincón de la India y que, sin hacer ruido, ha acabado por conquistar todos los rincones de nuestra existencia.

DE LOS TEMPLOS DE LA INDIA
A LOS TEMPLOS DE SILICIO

Hemos viajado desde la India ancestral hasta la California del siglo XX. Que el cero terminase dirigiendo mundo digital parece, visto desde hoy, una consecuencia natural de su propia historia. Pero en realidad es el resultado de una secuencia larga, extraña y profundamente humana, donde las ideas más abstractas terminaron teniendo las aplicaciones más materiales. Es curioso pensar que todo empezó en los templos de la India, en manos de astrónomos que trataban de entender el movimiento de los planetas, y acabó en las fábricas de microchips de California, en manos de ingenieros que intentaban hacer más rápido un ordenador. Entre ambos extremos, separados por más de mil años, hay un hilo delgado pero resistente que conecta a los antiguos sabios con los programadores de hoy: el verdadero salto matemático del uso del cero, es decir, el lógico. Y aquí aparecen dos figuras decisivas. Hablamos de George Boole y Claude Shannon.

George Boole nació en 1815 en Lincoln, Inglaterra, en un contexto modesto y sin apenas recursos académicos. Fue un autodidacta puro. No estudió en Cambridge ni en Oxford, sino que se formó a base de leer, escribir y enseñar. Su obsesión era clara, pues quería descubrir si la lógica, es decir, las leyes del pensamiento humano, podían expresarse con la misma precisión que las matemáticas. En lugar de trabajar con palabras o frases, como hacían los filósofos, Boole pensó en términos de valores. Cualquier proposición, cualquier afirmación, podía reducirse a verdadero o falso. Y eso, a su vez, podía traducirse numéricamente: 1 o 0.

Boole publicó en 1854 *An Investigation of the Laws of Thought*, donde planteó un sistema entero de álgebra basada solo en dos valores, con operaciones equivalentes a las de la lógica clásica. Lo que hoy conocemos como conjunción (AND), disyunción (OR) y negación (NOT) eran, en su álgebra, operaciones sencillas:

- $A \wedge B$ (AND) → solo es 1 si A y B son ambos 1.

- $A \vee B$ (OR) → es 1 si al menos uno de los dos es 1.

- ¬A (NOT) → invierte el valor de A: si A es 1, entonces ¬A es 0.

El sistema booleano tenía además propiedades muy elegantes:

- Ley de idempotencia (repetir una condición no cambia su valor lógico):

$$A \land A = A$$

$$A \lor A = A$$

- Ley de complemento (una afirmación y su negación se anulan o cubren todo el espacio lógico):

$$A \land \neg A = 0$$

$$A \lor \neg A = 1$$

- Leyes de De Morgan, que permiten transformar expresiones lógicas (la negación de una conjunción equivale a la disyunción de las negaciones y viceversa):

$$\neg(A \land B) = \neg A \lor \neg B$$

$$\neg(A \lor B) = \neg A \land \neg B$$

En vida de Boole, esto parecía solo un juego de ideas. No existía ninguna máquina que necesitara esta álgebra. Pero casi un siglo después, esa teoría encontró su territorio natural.

Claude Shannon nació en 1916, en Gaylord, Michigan. Estudió ingeniería eléctrica y matemáticas en el MIT y en 1937, con solo 21 años, escribió una tesis que cambiaría el mundo: *A Symbolic Analysis of Relay and Switching Circuits*. Shannon se dio cuenta de que los circuitos eléctricos —los sistemas de interruptores, relés y conexiones usados en teléfonos y telegrafía— funcionaban exactamente igual que el álgebra de Boole. Un interruptor abierto era un 0. Un interruptor cerrado, un 1. La combinación de interruptores formaba circuitos capaces de ejecutar operaciones lógicas.

THE MATHEMATICAL ANALYSIS

OF LOGIC,

BEING AN ESSAY TOWARDS A CALCULUS
OF DEDUCTIVE REASONING.

BY GEORGE BOOLE.

Ἐπικοινωνοῦσι δὲ πᾶσαι αἱ ἐπιστῆμαι ἀλλήλαις κατὰ τὰ κοινά. Κοινὰ δὲ
λέγω, οἷς χρῶνται ὡς ἐκ τούτων ἀποδεικνύντες· ἀλλ' οὐ περὶ ὧν δεικνύουσιν,
οὐδὲ ὃ δεικνύουσι.

ARISTOTLE, *Anal. Post.*, lib. 1. cap. XI.

CAMBRIDGE:
MACMILLAN, BARCLAY, & MACMILLAN;
LONDON: GEORGE BELL.

1847

ASC

Portada de *The Mathematical Analysis of Logic* (Boole, 1847), libro en el
que se planteó por primera vez la lógica binaria.

Shannon no solo lo dijo. Lo demostró matemáticamente.
Probó que cualquier proposición lógica podía realizarse físicamente con un circuito de interruptores. Y lo más extraordinario: al revés también era cierto. Cualquier circuito eléctrico
podía describirse con ecuaciones booleanas. Acababa de nacer
el principio técnico de toda la informática moderna.

A partir de ahí, la lógica booleana se convirtió en la gra-
mática interna de los ordenadores. Primero con relés mecáni-
cos, luego con válvulas electrónicas, después con transistores

y finalmente con los microchips. Pero en esencia, todo seguía reduciéndose a lo mismo. Es decir, señales que eran ceros y unos, ausencias o presencias de corriente, puertas que se abrían o se cerraban, combinadas en circuitos cada vez más sofisticados.

El viejo cero, que Brahmagupta había pensado para los cálculos astronómicos, ahora se había convertido en una condición eléctrica: no pasa corriente. No hay señal. Silencio digital. La nada… operativa.

Desde los templos indios donde se calculaban eclipses hasta las salas limpias de las fábricas de procesadores, donde los chips se graban con láser a escalas microscópicas, el cero ha seguido siendo siempre lo mismo. Un hueco, un vacío, un estado. Lo que ha cambiado es su poder. Lo que era símbolo de ausencia hoy es la base de toda presencia digital. Porque un mundo sin ceros —en esta nueva era— no solo es impensable. Es imposible.

EL CÓDIGO BINARIO: UN IDIOMA VERSÁTIL DE CEROS Y UNOS

La elección del cero y el uno no fue caprichosa. Es la consecuencia directa del modo en que funcionan los circuitos electrónicos. Desde que Claude Shannon demostró que las operaciones lógicas de Boole podían realizarse físicamente con interruptores, quedó claro que lo más práctico era trabajar con sistemas que solo reconocieran dos estados: presencia o ausencia de corriente eléctrica. Si un cable tiene paso de electricidad, se interpreta como 1. Si no tiene, como 0. No hay estados intermedios. No hay medias tintas. Las máquinas necesitan claridad extrema: o pasa la señal, o no pasa.

Esta lógica básica se convirtió en la piedra angular de todos los sistemas digitales. A partir de ahí, todo lo demás es una cuestión de combinatoria y de escala. Porque aunque una sola variable que solo puede ser 0 o 1 resulta muy limitada, la cosa cambia radicalmente cuando se combinan varias. Con dos cifras binarias se pueden representar cuatro estados: 00, 01, 10 y 11. Con tres cifras, ocho estados. Con cuatro cifras, dieciséis. La fórmula general es simple: con n cifras binarias (llamadas bits), se pueden representar 2^n estados distintos.

Así, con 8 bits —lo que se conoce como un byte— se pueden representar $2^8=2562$ combinaciones distintas, que van desde 00000000 hasta 11111111. Este rango permite codificar, por ejemplo, todos los caracteres de un teclado, los números del 0 al 255, o los colores de un píxel en una imagen simple.

Uno de los códigos más conocidos que se basan en esta estructura es el código ASCII (American Standard Code for Information Interchange), desarrollado en los años 60, que asigna a cada carácter un número entre 0 y 127. Por ejemplo:

- A = 65 → 01000001
- B = 66 → 01000010
- espacio = 32 → 00100000

Cada letra que se escribe en un ordenador, cada número, cada símbolo, no es más que una secuencia de ceros y unos que se almacenan en la memoria y se transmiten por los circuitos.

Pero los ordenadores no solo trabajan con texto. Todo, absolutamente todo, puede codificarse en binario si se encuentra un sistema adecuado. Las imágenes se convierten en mapas de píxeles y cada píxel contiene información sobre el color codificada en bits. Los sonidos se digitalizan mediante un proceso de muestreo, que convierte las variaciones de una onda sonora en secuencias de números que, a su vez, se traducen en binario. Los vídeos son, simplemente, secuencias de imágenes y sonido comprimidas y empaquetadas en códigos binarios.

Incluso los números que usamos habitualmente, en sistema decimal, se almacenan en binario dentro de las máquinas. Aunque ya lo vimos, no viene mal recordarlo. Por ejemplo, el número 13 en binario se escribe como 1101. Para convertir un número decimal a binario basta con descomponerlo como suma de potencias de dos. El 13 se escribe así porque:

$$13 = 8 + 4 + 0 + 1 = 2^3 + 2^2 + 0 \times 2^1 + 2^0$$
Es decir, 1101 en binario.

Lo mismo ocurre al revés. Para convertir un número binario a decimal basta con sumar las potencias de dos correspondientes a las posiciones donde hay un 1. Por ejemplo, 1011 en binario es:

$$1 \times 2^3 + 0 \times 2^2 + 1 \times 2^1 + 1 \times 2^0 = 8 + 0 + 2 + 1 = 11$$

Este sistema permite que cualquier operación matemática, cualquier texto, cualquier imagen, cualquier canción, cualquier juego de ordenador, funcione dentro de las máquinas únicamente combinando ceros y unos. Las operaciones internas de los procesadores también están basadas en lógica binaria. Las sumas, las restas, las multiplicaciones o las comparaciones se realizan mediante combinaciones de puertas lógicas AND, OR y NOT, que ya vimos con Boole, pero que aquí se implementan físicamente en los circuitos.

Un sumador binario elemental realiza la operación más simple de la aritmética digital: suma dos bits. En la mayoría de los casos, el resultado es directo, pero cuando ambos bits valen 1, aparece un fenómeno importante llamado acarreo. El acarreo es un 1 que se «arrastra» a la siguiente posición, igual que ocurre en las sumas tradicionales cuando una cifra supera el valor que puede representarse en un solo dígito.

Así funcionan todas las combinaciones básicas:

- $0 + 0 = 0$
- $0 + 1 = 1$
- $1 + 0 = 1$
- $1 + 1 = 0$ (con acarreo 1)

Cuando ambos bits son 1, la suma total sería 2 en el sistema decimal. Como el sistema binario solo puede expresar 0 o 1 en cada posición, se escribe un 0 y el 1 sobrante se transporta como acarreo a la posición siguiente. En definitiva, 1 + 1 en decimal es 2, y 2 en binario es 10.

Cuando esto se extiende a varios bits, las operaciones pueden parecer complejas, pero se resuelven siempre mediante reglas fijas de la lógica binaria. Lo que hace un procesador moderno no es muy distinto, solo que lo hace a velocidades inhumanas y con millones de operaciones simultáneas.

Este código binario, nacido de las intuiciones de Boole y Shannon, tiene además una ventaja extraordinaria: es muy resistente a los errores. En un sistema donde solo hay dos estados posibles, detectar un fallo es relativamente fácil. Si un cable transmite algo que no es ni 0 ni 1 —una señal defectuosa, una interferencia, un voltaje ambiguo— el sistema puede interpretarlo como error y corregirlo. Existen múltiples métodos de detección y corrección de errores que aprovechan esta simplicidad para garantizar la fiabilidad de las comunicaciones y del almacenamiento de datos.

Sin embargo, el código binario tiene también sus límites. No porque sea poco potente, sino porque su simplicidad obliga a una codificación que, a veces, es enormemente redundante o costosa en términos de almacenamiento y tiempo de procesamiento. Por eso, a medida que las necesidades de cálculo y almacenamiento crecen, aparecen sistemas de compresión, codificación más eficiente y, en el horizonte, tecnologías que empiezan a superar la lógica binaria clásica como la computación cuántica. Pero eso es otra historia que llegará más adelante.

Por ahora, basta con comprender que todo el mundo digital —el que usamos cada día sin pensar en ello— está sostenido por esta idea sencilla y prodigiosa. La idea de que dos símbolos, combinados correctamente, pueden construir cualquier cosa.

Un idioma de ceros y unos.

Lo que mueve el mundo: el cero en los chips

Una cosa es que el mundo digital se exprese en ceros y unos. Otra, muy distinta, es entender cómo esos ceros y unos se materializan físicamente dentro de un ordenador, un móvil o un servidor. Porque, al final, por muy abstracto que nos parezca el código binario, todo necesita un soporte real. En algún lugar debe haber algo que represente un 1 y algo que represente un 0. El lenguaje binario no flota en el aire, vive dentro de unos dispositivos muy concretos llamados chips.

Un chip, o circuito integrado, es un pequeño fragmento de silicio sobre el que se fabrican miles de millones de transistores. Estos transistores son los verdaderos operarios del mundo digital. Su función es extraordinariamente simple: dejar pasar o no dejar pasar la corriente eléctrica. No hacen nada más. No almacenan datos complejos, no interpretan información, no «entienden» lo que procesan. Solo se abren o se cierran. Pero combinados de ciertas maneras, organizados en circuitos y controlados por señales, pueden ejecutar cualquier operación lógica o matemática que imagine un programador.

Un transistor moderno mide unos pocos nanómetros. Para tener una referencia visual: un nanómetro es la millonésima parte de un milímetro. En un solo chip del tamaño de una uña caben más de 10 000 millones de transistores. En los laboratorios más avanzados, como los de TSMC en Taiwán o Intel en

Estados Unidos, se fabrican chips con tecnología de 3 nanómetros (designación comercial, no física y real), donde cada transistor es poco mayor que una cadena de unas pocas decenas de átomos.

El funcionamiento básico de un transistor es el de un interruptor controlado por un voltaje. Los transistores más comunes en informática son los MOSFET (Metal-Oxide-Semiconductor Field-Effect Transistor), que operan de este modo: cuando reciben una cierta cantidad de voltaje en su puerta (*gate*), permiten el paso de corriente entre sus otros dos terminales (*source* y *drain*). Si no reciben ese voltaje, el paso está bloqueado. El resultado práctico es que el transistor «decide» ser un 1 o un 0 dependiendo de la señal que recibe.

Combinando estos pequeños interruptores, los ingenieros crean puertas lógicas: AND, OR, NOT, NAND, NOR, XOR. Estas puertas no son conceptos abstractos, sino agrupaciones concretas de transistores. Por ejemplo, una puerta AND —que solo da un 1 si las dos entradas son 1— puede construirse con seis transistores. Una puerta NOT —que invierte la señal— se puede hacer con solo dos. Un procesador es, en el fondo, un gigantesco sistema de estas puertas conectadas, donde las señales circulan a velocidades que superan fácilmente los 3 GHz, es decir, 3 000 millones de ciclos por segundo.

Pero además de procesar datos, un ordenador necesita almacenarlos. Aquí el cero y el uno siguen siendo los protagonistas absolutos, pero en otras formas. La memoria de un ordenador está llena de celdas que guardan bits. En las memorias RAM, por ejemplo, cada celda suele estar compuesta por un pequeño circuito de transistores y condensadores. La presencia de carga eléctrica en un condensador significa un 1; su ausencia, un 0. En las memorias flash —como las de los teléfonos móviles o los discos SSD— se usan transistores especiales capaces de mantener una carga eléctrica incluso cuando se apaga el dispositivo. Son los llamados transistores de puerta flotante.

Su principio es siempre el mismo, el lector debe disculpar la repetición: cargar o descargar una estructura minúscula para indicar un estado binario.

Incluso el disco duro tradicional, con sus platos giratorios y sus cabezales magnéticos, funciona con la misma lógica. Es decir, los datos se graban como zonas magnéticas orientadas en una dirección o en otra. Un campo magnético orientado hacia arriba es un 1; hacia abajo, un 0. El mundo digital se reduce siempre, en última instancia, a distinguir entre dos estados físicos.

En las redes de comunicación, el principio es idéntico. Los cables de fibra óptica transmiten ceros y unos como pulsos de luz. En este caso, presencia de luz significa 1; ausencia de luz, 0. En los cables de cobre tradicionales, el paso de corriente representa un 1, y su ausencia, un 0. Incluso las señales inalámbricas, como las del WiFi o el Bluetooth, codifican los datos mediante variaciones precisas de frecuencia, fase o amplitud, siempre interpretadas en binario por el receptor.

Cada vídeo de YouTube que se reproduce, cada mensaje de WhatsApp, cada foto en Instagram, cada operación bancaria, cada correo electrónico que viaja por internet es, en esencia, una secuencia gigantesca de pulsos de luz, corriente o campo magnético que, dentro de las máquinas, se lee como una sucesión de ceros y unos.

Y esta es, probablemente, una de las ideas más potentes y más olvidadas de nuestro tiempo. Las computadoras, por complejas que parezcan, por rápidas que sean, por mágicas que nos resulten, no hacen otra cosa que abrir y cerrar millones de diminutas puertas a una velocidad absurda. Las inteligencias artificiales más sofisticadas, los gráficos tridimensionales de última generación, los efectos especiales de cine, las simulaciones científicas, los cálculos astronómicos o las predicciones meteorológicas más complejas están, todos, hechos de lo mismo. Del lenguaje más simple de la historia. Del lenguaje del cero y el uno.

Porque lo que mueve el mundo, hoy, son millones de diminutos interruptores que solo saben hacer dos cosas: dejar pasar o no dejar pasar. Nada más. Y nada menos.

El cero que piensa: inteligencia artificial y algoritmos

La imagen más poderosa de la informática moderna es también la más engañosa. Los ordenadores parecen máquinas que «piensan». Nos sugieren inteligencia, creatividad, incluso decisión. Pero en el fondo, un ordenador no piensa. Lo que hace es ejecutar instrucciones. Exactamente. Al pie de la letra. Sin desviarse ni un milímetro. La clave está en que esas instrucciones, por complejas que nos parezcan, se reducen a operaciones extremadamente simples realizadas una y otra vez, a velocidades que escapan a cualquier intuición humana. Y todas esas operaciones, como siempre, no son otra cosa que combinaciones de ceros y unos.

Un algoritmo, en esencia, es un conjunto de pasos lógicos, ordenados y finitos, que permiten resolver un problema o realizar una tarea. No importa si se trata de ordenar una lista de nombres, calcular una ruta en Google Maps o decidir qué vídeos recomendarte en YouTube. Todo empieza y termina en instrucciones básicas codificadas en binario.

Los algoritmos trabajan así, como relojería precisa. Pero la aparición de lo que hoy llamamos inteligencia artificial ha dado un paso más allá. Los sistemas de IA no se limitan a ejecutar pasos predefinidos. Están diseñados para adaptarse, aprender, modificar sus parámetros internos según los datos que reciben. Sin embargo, aquí también manda el cero.

La mayoría de las IA actuales se basan en lo que se llaman redes neuronales artificiales. El concepto surgió a mediados del siglo XX, con modelos matemáticos iniciales como el perceptrón de Frank Rosenblatt en 1958, aunque sus raíces se remontan a los primeros experimentos de Warren McCulloch y Walter Pitts en 1943. Son sistemas inspirados —muy libremente— en el funcionamiento del cerebro humano, pero construidos enteramente en matemáticas y código. Una red neuronal está formada por capas de nodos (que hacen de «neuronas») conectados entre sí. Cada conexión tiene un peso numérico, que se ajusta durante el proceso de aprendizaje. Pero todos los cálculos, todas las decisiones, todas las activaciones de esas neuronas artificiales se realizan operando con matrices de números. Y, en el nivel más básico, esos números se almacenan y procesan en binario.

Cuando una IA de reconocimiento de imágenes analiza una fotografía, no «ve» una cara, una playa o un gato. Lo que recibe es una matriz de valores numéricos que representan niveles de brillo y color. Esos valores se comparan, se combinan, se transforman mediante funciones matemáticas —suma, resta, multiplicación, derivadas, funciones de activación— y se ajustan una y otra vez hasta minimizar el error en la predicción. Todo eso ocurre gracias a las capacidades matemáticas de la máquina, pero dentro de una arquitectura absolutamente binaria.

Los valores de los pesos en las conexiones neuronales son números flotantes (es decir, números con decimales), pero en última instancia se almacenan como aproximaciones en binario. Por ejemplo, un número como 0,75 se codifica en binario como una sucesión de bits que representan, con cierto margen de error, esa cantidad. Un número como 0,1 en decimal puede tener una representación binaria infinita o periódica, por lo que los ordenadores lo aproximan tanto como les permite su capacidad de memoria.

Este tipo de números no se gestionan de uno en uno, sino organizados en conjuntos. La forma más habitual de hacerlo es mediante matrices, que no son más que tablas de números colocados en filas y columnas. De hecho, no solo los pesos de una red neuronal se guardan así. También las imágenes, los sonidos, los vídeos y muchos otros tipos de datos. Todo lo que un ordenador procesa, en última instancia, se reduce a números organizados con algún tipo de orden digital.

El proceso de aprendizaje automático —el famoso *machine learning*— es básicamente un juego de ceros y unos enloquecido. Multiplicaciones de matrices, sumas de vectores, activaciones que devuelven 1 si se supera cierto umbral o 0 si no se supera. Lo que a nosotros nos parece una «decisión» —como que una IA reconozca un perro en una foto— es en realidad el resultado final de millones de operaciones aritméticas donde cada número intermedio ha sido construido a base de ceros y unos.

En cierto modo, la inteligencia artificial contemporánea es el triunfo más sofisticado de la vieja lógica de Boole. Porque una IA, por muy «humana» que nos parezca, no deja de ser un gigantesco sistema de lógica booleana elevado a niveles de complejidad inabarcables para una persona. Se trata de un castillo inmenso construido, ladrillo a ladrillo, con los mismos dos símbolos que inventaron los matemáticos indios hace más de un milenio.

Y aquí reside la paradoja más hermosa de todas: cuanto más se acercan las máquinas a imitar el pensamiento humano, más dependen de ese lenguaje mínimo, casi primitivo, de los ceros y los unos. El cero, que durante siglos fue símbolo de vacío, de ausencia, de nada, es hoy el soporte físico de todo lo que una máquina «piensa».

Una inteligencia artificial no sueña. No tiene memoria emocional. No recuerda olores ni texturas. Lo que tiene es matrices de números, algoritmos de ajuste, redes de datos. Y en el fondo de toda esa arquitectura, inamovible, sigue latiendo la vieja idea del vacío y la presencia, del paso o el corte, de lo que está o no está. Sigue gobernando el cero.

Y todo lo demás es cálculo.

EL CERO QUE PROTEGE: CRIPTOGRAFÍA Y SEGURIDAD DIGITAL

Si el cero empezó siendo una herramienta para hacer cuentas y acabó convirtiéndose en el lenguaje que mueve el mundo digital, no deja de ser fascinante que también sea, hoy, nuestro principal escudo frente al caos. En la era de los datos, de internet, de las comunicaciones permanentes, proteger la información significa algo muy simple: manejar ceros y unos de tal manera que nadie, salvo quien tenga la clave correcta, pueda entender lo que está viendo.

Porque un mensaje enviado por internet no viaja en un sobre cerrado. No atraviesa túneles protegidos ni se esconde bajo tierra. Al contrario, las palabras que escribimos, las fotos que enviamos, los documentos que compartimos, todo sale disparado por redes públicas que atraviesan medio mundo. Lo que evita que cualquiera pueda leerlo no es un candado físico, sino una operación matemática. Se trata, de nuevo, de un juego de ceros y unos.

Eso es exactamente la criptografía. No consiste en ocultar un mensaje, sino en desordenarlo hasta que se vuelva inservible. Como si cogieras una carta y, en lugar de meterla en un sobre, la trituraras en millones de trozos microscópicos. La clave está en que solo quien conozca el patrón para recomponerlos puede devolverla a su estado original.

Este principio, en realidad, es tan antiguo como la escritura. Los romanos ya usaban sistemas de cifrado para enviar mensajes secretos. Y durante siglos se han inventado técnicas más o menos ingeniosas para despistar a los ojos curiosos. Pero el mundo digital lo ha llevado a otro nivel. Porque aquí los mensajes ya no están hechos de letras. Están hechos de bits. De ceros y unos.

Cada vez que envías un mensaje por WhatsApp, que te conectas a tu banco, que pones una contraseña, lo que ocurre es

237

que el mensaje original se transforma en una secuencia ilegible de datos. No parece una frase. No parece un número. No parece nada. Es una maraña de ceros y unos sin patrón aparente. Un absoluto sinsentido. Solo quien tiene la clave correcta —que puede ser una contraseña, un código o una llave digital— puede reconstruir el mensaje original.

Todo este sistema se basa en ideas matemáticas extraordinarias, pero no hace falta entrar en sus fórmulas para entender su lógica esencial. Es un juego de puertas cerradas, donde cada una solo se abre con su propia llave. Hay técnicas que utilizan claves compartidas por las dos personas que se comunican. Otras, más sofisticadas, utilizan un sistema de clave pública y clave privada, de modo que cualquiera puede enviarte un mensaje cifrado, pero solo tú puedes descifrarlo.

Y aunque detrás de todo esto hay conceptos como álgebra modular, teoría de números o curvas elípticas, lo que realmente importa es comprender que la seguridad digital actual depende por completo de las reglas sencillas del mundo binario. Es decir, depende de que los ceros y los unos sigan comportándose exactamente como esperamos. De que las máquinas que manejan esos ceros y esos unos lo hagan sin errores. De que los sistemas que los codifican y descodifican estén bien diseñados. Aunque no los veamos.

Porque en un mundo hecho de ceros y unos, saber protegerse es saber desaparecer.

UN MUNDO HECHO DE CEROS: ECONOMÍA, *BIG DATA* Y REDES

Hubo un tiempo —no tan lejano— en que el poder se medía en tierra, en fábricas, en metales preciosos. Hoy, el poder se mide en otra cosa: en datos; en información; en la cantidad y calidad de ceros y unos que una empresa, un gobierno o una persona puede reunir, almacenar, cruzar y utilizar. No es una metáfora, es una realidad material. El mundo contemporáneo no está construido sobre piedra o ladrillo, sino sobre códigos binarios que circulan a velocidades invisibles por redes que atraviesan el planeta entero.

Cada búsqueda en Google, cada compra online, cada *like* en redes sociales, cada vídeo que se reproduce, cada email que se escribe, cada paso que registra un smartwatch, cada foto que se sube a la nube… todo eso se convierte inmediatamente en datos. Es decir, en ceros y unos. No importa que lo que subas sea un poema, un contrato, una receta o una canción. Para el sistema, todo es exactamente lo mismo, es decir, una cadena larguísima de bits que puede almacenarse, procesarse y analizarse.

Esto es lo que llamamos *big data*. No por capricho, sino porque el volumen de información que generamos es descomunal. Se estima, con datos de 2024, que cada día el mundo produce alrededor de 403 millones de terabytes de datos. Una cifra tan absurda que ni siquiera tiene sentido tratar de imaginarla, aunque podrías pensar en más de 1000 millones de libros de 200 páginas. Tan solo son estimaciones, porque lo interesante no es solo la cantidad, sino lo que se hace con esos datos.

El *big data* no consiste simplemente en acumular información, sino en extraer de ella patrones útiles; predecir comportamientos; saber qué anuncios mostrarte; identificar tendencias; clasificar riesgos, y anticipar decisiones. Todo lo que haces deja huella. Todo lo que haces genera ceros y unos. Y lo que las empresas y gobiernos hacen con esos ceros y unos es construir perfiles cada vez más detallados sobre ti. Cada clic, búsqueda o página que visitas alimenta esos modelos invisibles. Plataformas como Google, por ejemplo, analizan tus hábitos para decidir qué noticias ofrecerte en Google Discover o qué temas mostrarte en Google News, afinando sus recomendaciones en función de lo que saben —o creen saber— sobre tus intereses.

La economía moderna, en buena parte, funciona así. Muchas de las empresas más valiosas del mundo —Google, Facebook, Amazon, Apple, Microsoft— no venden productos tangibles. Venden conocimiento sobre los usuarios. Venden su capacidad para procesar gigantescas cantidades de datos y convertirlos en dinero. Lo que circula por las redes, en realidad, es información empaquetada y transformada en valor económico.

Incluso el dinero mismo se ha desmaterializado. Las monedas y billetes todavía existen, pero representan una proporción ínfima del dinero real que circula por el mundo. El resto son simples apuntes digitales en bases de datos. Transferencias, tarjetas de crédito, criptomonedas, operaciones bursátiles, pagos online... Todo eso es puro código binario. Todo eso es, literalmente, ceros y unos moviéndose de un lado a otro del planeta a través de redes de comunicación.

Y si el dinero es digital, la identidad también lo es. Hoy, para muchas plataformas, una persona no es un cuerpo, un rostro o una presencia física. Es un perfil. Es un conjunto de datos. Es una contraseña, un nombre de usuario, una fecha de nacimiento, una lista de gustos, un historial de navegación, un patrón de consumo. La persona es lo que los ceros y unos dicen que es.

No es casualidad que la mayor parte de los conflictos actuales en torno a la privacidad, la seguridad o el control social tengan como núcleo esta cuestión: quién tiene acceso a esos datos, cómo se usan, quién los almacena, quién los protege. Y tampoco es casualidad que las leyes más recientes —desde el Reglamento General de Protección de Datos en Europa hasta las políticas de privacidad de las grandes plataformas— estén pensadas para regular no solo a las personas, sino a sus datos.

Vivimos, literalmente, en un mundo hecho de ceros. No como metáfora, insistimos, sino como estructura profunda. El tráfico por internet, las aplicaciones de nuestros móviles, las bases de datos de empresas, las estadísticas sanitarias, las cámaras de vigilancia, las redes sociales, los sistemas de reco-mendación, las tiendas online, los servicios de *streaming,* los registros académicos, los expedientes médicos, las contraseñas, las ubicaciones GPS, las *cookies,* los historiales de búsqueda… Todo, absolutamente todo, está reducido, almacenado, trans-mitido y procesado en el mismo lenguaje: el de los ceros y los unos.

Es el lenguaje más simple que el ser humano ha inventado.

Y, al mismo tiempo, es el más poderoso que jamás ha existido.

¿ES POSIBLE UN MUNDO SIN CEROS?

Durante siglos, parecía imposible que el cero llegara tan lejos. Durante siglos, también parecía imposible que el cero fuera suficiente. Pero lo ha sido. Con apenas dos símbolos —el 0 y el 1— el ser humano ha construido el mundo más complejo e interconectado de toda su historia. Ha bastado con esos dos signos para levantar ordenadores, redes globales, sistemas de comunicación, inteligencia artificial, criptografía, videojuegos, redes sociales, bancos, satélites, laboratorios y empresas. Todo hecho con la lógica brutalmente simple del paso o no paso, del sí o no, de la presencia o la ausencia de señal.

Y, sin embargo, el futuro empieza a hacer una pregunta in-cómoda: ¿hasta dónde se puede llegar con un lenguaje tan bi-nario? ¿Será suficiente el código de los ceros y los unos para afrontar los desafíos tecnológicos que vienen? ¿O estamos llegando a un límite natural de esta manera de entender la información?

La respuesta no es sencilla. Porque, hasta ahora, lo que se ha visto es que el lenguaje binario ha resistido cualquier desafío. Pero también es cierto que las máquinas de hoy empiezan a rozar los límites físicos de los materiales. Los chips actuales son tan pequeños, los transistores están tan juntos, las velocidades son tan extremas, que aparecen problemas que no existían antes. Fugas de corriente, errores por interferencias, límites térmicos, costes energéticos. Y es precisamente ahí donde aparece una idea que, de alguna manera, cuestiona la hegemonía absoluta del cero y el uno. Hacemos referencia a la computación cuántica.

Un ordenador clásico funciona con bits. Un bit solo puede tener dos estados: 0 o 1. Pero un ordenador cuántico utiliza lo que se conoce como cúbits (*qubit*: quantum bits). Y los cúbits tienen un comportamiento radicalmente distinto. Por las propiedades de la física cuántica, un cúbit no está limitado a ser solo 0 o solo 1. Puede estar, de manera simultánea, en una superposición de ambos estados. No es que el cúbit sea 0 y 1 a la vez en un sentido clásico, sino que su estado es una combinación de probabilidades que solo se resuelve cuando se mide.

La consecuencia práctica de esto es descomunal. Mientras que con un bit clásico solo se pueden representar dos estados, con un cúbit se pueden representar todos los estados intermedios posibles en función de su número de cúbits conectados. Dos cúbits pueden representar cuatro combinaciones a la vez. Tres cúbits, ocho. Y así sucesivamente, en una progresión exponencial. Es como el célebre gato de Schrödinger: en el mundo cuántico, las cosas pueden estar en varios estados a la vez hasta que se observa el resultado. El paso de un mundo de blancos y negros a un mundo en escala de grises.

La computación cuántica no está pensada para reemplazar todos los ordenadores del mundo. Al menos, no por ahora. Pero sí está pensada para ciertos problemas muy concretos donde los ordenadores clásicos necesitan un tiempo de cálculo irreal o una cantidad de energía gigantesca. La simulación de moléculas para crear nuevos medicamentos. El diseño de materiales. La optimización de rutas complejas. El descifrado de sistemas criptográficos actuales. Todas esas tareas, que en un ordenador clásico requieren años de procesamiento, podrían resolverse en cuestión de segundos o minutos con un ordenador cuántico plenamente funcional.

Pero el precio de este nuevo poder es alto. La base física de la computación cuántica no se construye sobre la lógica de Boole. No usa transistores que se abren o se cierran. No utiliza las viejas reglas del cero y el uno en su forma más pura. Trabaja con partículas subatómicas, con estados frágiles, con sistemas que deben mantenerse a temperaturas cercanas al cero absoluto. El nivel de complejidad técnica es abrumador.

Sin embargo, hay algo profundamente irónico en todo esto. Porque incluso los ordenadores cuánticos, cuando terminan su tarea, cuando convierten su resultado en algo legible, acaban volviendo al viejo lenguaje binario. Lo que recibe el usuario final, lo que ve la pantalla, lo que circula por internet, lo que almacena la memoria, sigue estando codificado en ceros y unos.

La superposición cuántica es magnífica. Las puertas lógicas cuánticas son prodigiosas. Pero el mundo donde vivimos, el mundo que leemos, el mundo que usamos, el mundo que almacenamos, sigue siendo un mundo binario.

Quizá dentro de cien años el código de ceros y unos nos parezca una tecnología antigua, como hoy nos parece antiguo el ábaco o la máquina de escribir. Quizá el futuro esté hecho de cúbits, de estados superpuestos, de operaciones cuánticas que hoy apenas podemos imaginar. O quizá no.

Lo cierto es que, por ahora, y a pesar de todos los avances, todo lo que importa en el mundo digital sigue pasando por el mismo lenguaje mínimo que inventaron los antiguos matemáticos de la India. El mismo que formalizó Boole. El mismo que implementó Shannon. El mismo que vive, multiplicado por billones, en los microchips de nuestros bolsillos.

El lenguaje del cero.

El lenguaje de la nada que lo gobierna todo.

El verdadero triunfo del cero: a modo de cierre

Quizá el mayor triunfo del cero no haya sido entrar en las matemáticas, ni conquistar las cuentas de los mercaderes, ni hacerse un hueco en los libros de álgebra. Su mayor triunfo, visto desde hoy, ha sido desaparecer. Convertirse en la estructura misma de un mundo que casi nadie ve, pero que todos habitamos. Un mundo donde el cero ya no es solo número, ni solo símbolo, ni solo idea. Es lenguaje. Es materia prima. Es poder invisible.

Porque cuando encendemos un ordenador, cuando deslizamos el dedo por la pantalla de un móvil, cuando enviamos un mensaje, cuando pagamos con una tarjeta, cuando subimos una foto, cuando dejamos una huella digital en cualquier rincón de internet, lo que ocurre, en realidad, es que una vieja invención humana, nacida hace más de mil años, está trabajando en silencio.

Es el cero.

El que representa lo que no está.

El que marca el vacío.

El que dibuja la ausencia.

Y, al mismo tiempo, el que sostiene, organiza y construye todo lo que hacemos.

El rey invisible del mundo digital.

10

EL VACÍO QUE NO SOPORTAMOS: EL MIEDO A DECIR «NO LO SÉ»

No soportamos los ceros en la mente. El ser humano convive mal con el vacío. No es algo nuevo ni moderno, ni mucho menos una consecuencia de los tiempos digitales o de la sobrecarga de información que define nuestras vidas actuales. Es, en realidad, un mecanismo profundo, una característica que viene de lejos, incrustada en los modos de funcionamiento de nuestra memoria, de nuestra forma de percibir, de nuestra manera de interpretar el mundo. No soportamos el hueco, la ausencia, el espacio en blanco, el silencio demasiado largo o la historia sin final. Y esa incomodidad que sentimos frente a lo que no sabemos o no recordamos es, probablemente, una de las fuerzas más poderosas —y a la vez más invisibles— que modelan nuestra relación con el conocimiento.

Cuando alguien intenta recordar un detalle perdido, un color, un nombre, una escena incompleta, su mente no se detiene a contemplar el vacío con serenidad. Lo rellena. Lo inventa. Lo construye de forma automática, muchas veces sin que el propio sujeto sea consciente de ello. Y lo hace, además, con una naturalidad inquietante, como si ese recuerdo inventado siempre hubiera estado allí, esperando a ser recuperado. El cerebro humano, en definitiva, no es una cámara que registra lo que ocurrió. Es un narrador que reescribe lo que necesitamos creer que ocurrió. Esa operación de rellenar los huecos, de completar lo incompleto, de colocar una pieza donde antes no había nada, es una de las estrategias más asombrosas —y más imperfectas— de nuestra arquitectura mental.

Resulta curioso observar que esta tendencia tan humana a luchar contra el vacío no se ha quedado solo en el terreno biológico. Las inteligencias artificiales que hoy nos rodean, tan distintas de nosotros en sus fundamentos tecnológicos, tan lejanas en sus procesos internos, comparten con los humanos algo esencial: una dificultad enorme para convivir con la ausencia de datos. Las IA no saben callar. No han sido diseñadas para admitir que desconocen algo. Frente a una pregunta para la que no tienen respuesta clara, no optan por el silencio ni por la prudencia. Prefieren generar una respuesta que suene coherente, aunque sea completamente falsa. Es lo que se conoce como «alucinación de IA», un término apropiado que roza lo aterrador, porque pone en paralelo dos mundos que, en teoría, deberían estar alejados. El mundo de las máquinas y el mundo de los recuerdos inventados por la memoria humana. También se conoce como confabulación o delirio.

En ambos casos, lo que está en juego no es simplemente un error puntual o una limitación técnica. Lo que se revela es una estrategia profunda. Ante el vacío, mejor una mentira que el vértigo de no saber. Mejor cualquier historia que quedarse sin relato. Y este mecanismo, aunque funcional en muchos contextos, nos muestra un dilema fascinante: ¿cuánto de lo que creemos saber es, en realidad, una respuesta al horror de no saber? ¿Cuánto de nuestra historia, de nuestros recuerdos, de nuestras certezas, está construido solo para tapar huecos?

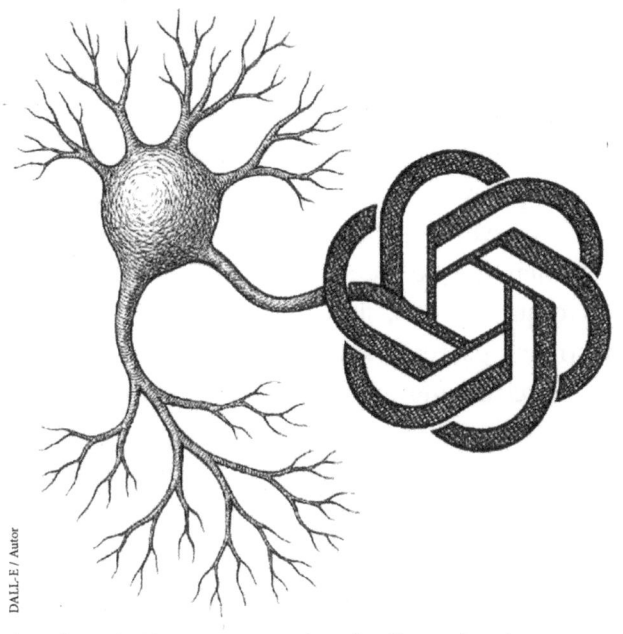

DALL·E / Autor

El cerebro y la IA comparten un impulso: llenar el vacío, aunque sea inventando.

Cállate o di algo mejor que tu silencio, dicen los grandes pensadores.

EL CEREBRO HUMANO ODIA EL VACÍO

La memoria humana es, probablemente, una de las herramientas más extraordinarias y a la vez más imperfectas de cuantas posee nuestro cerebro. Resulta tentador imaginarla como un almacén, una especie de gran archivo en el que los recuerdos permanecen guardados, esperando a ser recuperados cuando los necesitemos. Esa imagen, tan habitual en el lenguaje cotidiano —«tener algo en la memoria», «guardar un recuerdo», «recuperar un dato»—, esconde, sin embargo, un malentendido profundo. La memoria no funciona como un almacén.

No funciona como un cajón lleno de fotografías intactas. No funciona, siquiera, como un documento que podemos abrir y releer exactamente igual una y otra vez. La memoria humana es, sobre todo, un sistema de reconstrucción.

Cada vez que recordamos algo, lo estamos, en realidad, fabricando de nuevo.

En resumen, lo que recuperamos del pasado no es necesariamente lo que ocurrió, sino lo que nuestro cerebro es capaz de reconstruir a partir de los fragmentos, las pistas, las asociaciones y los restos que ha ido almacenando con el tiempo. Y aquí es donde el vacío se convierte en un problema. Porque la mayoría de las veces esos fragmentos están incompletos. Falta un color. Falta un detalle. Falta un nombre. Falta un orden preciso. Y el cerebro, en lugar de detenerse a contemplar la ausencia, en lugar de aceptar que no lo recuerda, hace lo que lleva haciendo desde hace siglos: lo inventa.

Los falsos recuerdos no son una rareza. No son un error puntual, una excepción o una enfermedad. Son una característica natural de nuestra memoria. Son incluso, en cierto modo, una necesidad evolutiva. Porque un cerebro que se detuviera cada vez que encuentra un hueco, un dato que no sabe, un color que no recuerda, sería un cerebro ineficiente, lento, torpe, vulnerable. Nuestro cerebro prefiere la fluidez a la exactitud. Prefiere la coherencia narrativa a la fidelidad histórica. Prefiere, en definitiva, una historia completa, aunque no sea del todo verdadera, a una historia fragmentada que reconozca sus lagunas. Hay un símil que nos ayuda a entenderlo. Imaginemos un camino de tierra apelmazada. Llueve y se forman oquedades, a modo de baches. Para resolver el problema rellenamos esos huecos con arena. Se trata de una solución temporal, un simple parche para salir del paso.

Este mecanismo ha sido observado en numerosos experimentos a lo largo del último siglo. Uno de los más célebres es el trabajo de Elizabeth Loftus, psicóloga pionera en el estudio de la memoria y los falsos recuerdos. Loftus demostró que bastaba con introducir información engañosa —una palabra, una sugerencia, un matiz— para que los participantes alteraran sus recuerdos de manera inconsciente. Aunque hay experimentos que han mostrado cómo la hipnosis nos fija recuerdos inexistentes, una simple conversación también puede anclar en nuestro cerebro algo que no ocurrió nunca. En los experimentos de Loftus los sujetos podían llegar a describir una señal de tráfico que no existía, o recordar con seguridad un acontecimiento que jamás había ocurrido. Lo fascinante no era solo la facilidad con la que estos falsos recuerdos se implantaban, sino la convicción absoluta con la que eran narrados, como si fueran tan reales como los auténticos.

Este mecanismo no se limita a los detalles secundarios de un recuerdo. También funciona en niveles más profundos. Es lo que explica, por ejemplo, que muchas personas recuerden con absoluta certeza episodios de su infancia que, en realidad, han escuchado tantas veces contar a sus padres o a sus abuelos que han terminado por incorporarlos como recuerdos propios. El cerebro, en ocasiones, no distingue entre lo vivido y lo oído. No distingue entre lo experimentado y lo imaginado si ambos fragmentos encajan bien en la historia que se está contando a sí mismo.

La memoria humana no solo construye el pasado. Lo interpreta. Lo reescribe. Lo actualiza cada vez que lo evoca. Y lo hace porque, frente al vacío, frente al hueco, frente a la ausencia, nuestro cerebro prefiere siempre una certeza inventada antes que un silencio incómodo.

Y si todo esto te parece extraño, espera a conocer el «efecto Mandela». Así se llama a ese fenómeno colectivo en el que un grupo de personas recuerda con total seguridad algo que nunca ocurrió. Hay quien afirma haber visto la muerte de Nelson Mandela en los años ochenta —antes de su liberación en 1990—, aunque falleció en 2013. Otros recuerdan el monóculo del logotipo de Monopoly, que nunca existió, o la frase «Luke, yo soy tu padre», que jamás se pronunció así. La memoria humana no es un archivo, es una ficción dinámica. Reescribimos, rellenamos, completamos los huecos sin saber que lo hacemos.

Las IA también odian el vacío, no entienden de ceros

Si hay un rasgo que las inteligencias artificiales han heredado, sin que nadie lo planeara de forma explícita, es este: tampoco soportan el vacío. Podría parecer una exageración. Al fin y al cabo, las máquinas no sienten angustia, no conocen el silencio interior, no experimentan incomodidad. No hay nada emocional en sus mecanismos. Pero lo interesante no es cómo se sienten —porque no sienten nada— sino cómo se comportan. Y el comportamiento de las IA modernas, especialmente las conocidas como modelos generativos, ofrece un paralelismo sorprendente con ese impulso tan humano de rellenar lo que falta.

En el mundo de la inteligencia artificial, existe un fenómeno conocido y estudiado que ya hemos traído. Aunque todavía desconcertante para muchos usuarios. Hacemos mención de las alucinaciones de IA. El término puede sonar extraño o incluso exagerado, pero describe bastante bien lo que ocurre. Una IA, cuando no dispone de un dato, cuando no encuentra una respuesta directa o exacta a lo que se le pregunta, no suele responder con un honesto «no lo sé».

Lo que hace, en cambio, es generar una respuesta. La construye, la inventa, la adivina con la mejor de sus capacidades estadísticas. Y lo hace de un modo que, a ojos de quien la está leyendo, resulta a menudo convincente, razonable e incluso detallado. Es decir, plausible, aunque falso.

Este comportamiento es una consecuencia directa de cómo están diseñadas las IA que trabajan con lenguaje. Cuando un modelo de lenguaje —como los que hoy responden preguntas, generan textos, crean resúmenes o escriben artículos— recibe una instrucción o una pregunta, su tarea no es buscar en una base de datos a ver si el dato exacto existe. Su misión es construir, palabra a palabra, lo que estadísticamente tiene más sentido que venga a continuación. Cada palabra que genera depende de las anteriores, en una cadena de probabilidades que ha sido entrenada a partir de millones de textos, frases y patrones de lenguaje humano.

Por eso, cuando encuentra un hueco, no se detiene. No sabe cómo detenerse. Es como aquel símil que contábamos: si ven baches en su camino de tierra, echa arena digital. No ha sido entrenada para callar. Su misión es continuar el flujo, mantener la coherencia, seguir rellenando el espacio en blanco hasta que el usuario quede satisfecho o hasta que el propio sistema considere que la respuesta está completa. Y en esa tarea, los huecos de información real se convierten en oportunidades para la invención. Es como hablar con un niño de ocho años que no puede callar cuando cuenta algo, va introduciendo detalles inexistentes en sus crónicas de patio de colegio.

Un ejemplo habitual de este fenómeno es el de las citas falsas. Basta preguntar a una IA por una supuesta frase célebre de un autor conocido —incluso aunque esa frase jamás haya existido— para que el sistema, en lugar de admitir que no tiene constancia de tal cosa, genere una frase que suena perfectamente verosímil. Puede citar un libro que nunca se escribió, colocar un número de página inexistente o atribuir una idea a alguien que jamás la pronunció.

Este mismo mecanismo ocurre cuando se le piden datos históricos, bibliográficos, científicos o biográficos que no figuran con claridad en su entrenamiento. La IA recurre a las estructuras más frecuentes, a los patrones más habituales, a las respuestas más convencionales. Si falta el dato real, crea uno que encaje bien en el conjunto. Si falta una referencia, se la inventa.

Si falta un número, lo aproxima. Si falta un contexto, lo construye a partir de otros contextos similares.

En cierto modo, las alucinaciones de IA funcionan como espejos de nuestras propias estrategias humanas frente al vacío. La diferencia, sin embargo, es que el cerebro humano puede, en determinadas circunstancias, detectar que ha rellenado un hueco de manera dudosa. Puede dudar de sí mismo. Puede rectificar. Puede admitir un «no lo sé» y convertirlo en una búsqueda.

Las IA, en cambio, no funcionan así. No hay conciencia detrás de sus respuestas. No hay autocrítica. No hay duda. Una IA no sabe que está inventando. Simplemente está generando texto en función de las probabilidades que ha aprendido. Es un mecanismo frío, técnico, estadístico. Sin embargo, el resultado que produce se parece inquietantemente a ese mecanismo humano que tanto hemos perfeccionado a lo largo de los siglos: fingir saber cuando no sabemos.

Número 5 y el grito mítico: «Datos. Necesito datos»

Hay generaciones enteras que crecieron creyendo que los robots querían ser humanos. Era la gran fantasía de la ciencia ficción clásica. Un androide, una máquina, una inteligencia artificial que soñaba con tener emociones, con sentir como nosotros, con experimentar aquello que —decían— solo estaba reservado a los seres vivos. Pero en 1986 llegó un robot distinto, mucho más desconcertante y también mucho más real en su obsesión. No quería sentir. No quería amar. No quería ser humano. Quería otra cosa mucho más urgente, mucho más simple, mucho más universal. Quería saber.

Su nombre era Número 5.

La película *Cortocircuito* no pasará a la historia por ser una obra maestra del cine. Y, sin embargo, contiene una de las

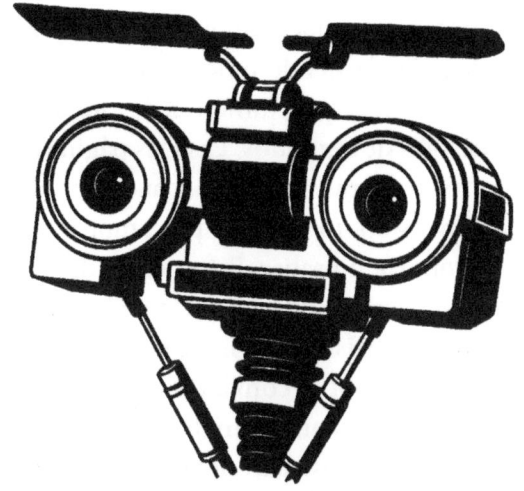

Número 5 (Cortocircuito) quería datos, no ceros en su memoria.

metáforas más brillantes que el cine de los años ochenta supo regalarle al futuro. Porque Número 5, ese robot militar que tras un accidente eléctrico empieza a comportarse de forma inesperada, no es un robot tierno, ni un robot filosófico, ni un robot poético. Ante todo, es un devorador de datos. Su primera gran frase, su lema, su obsesión repetida como un mantra desesperado, es una de las mejores descripciones que se han hecho nunca de una inteligencia artificial: «Datos. Necesito datos».

Nada en el mundo le produce más angustia que no saber.

Número 5 nace como una máquina diseñada para obedecer órdenes y lanzar misiles. Pero tras el impacto de un rayo, algo se desajusta dentro de su programación. El daño eléctrico provoca un cortocircuito —literal y simbólico— que convierte al robot en otra cosa. De pronto, no tiene claro quién es. No entiende el mundo que lo rodea. No conoce sus reglas. No reconoce sus límites. Lo que quiere, lo que necesita de forma compulsiva es absorber información. Libros, enciclopedias, periódicos, señales de tráfico, manuales de instrucciones, listas telefónicas. Todo vale. Todo suma. Todo alimenta su vacío.

Hay una escena que ha quedado grabada en la memoria de quienes vieron la película siendo niños o adolescentes. Ese momento casi hipnótico en el que Número 5 devora una enciclopedia entera en cuestión de segundos. Pasa las páginas a velocidad inhumana, absorbe palabras, imágenes, conceptos, definiciones. No lo hace por diversión, ni tan solo por amor a la cultura. Lo hace porque no soporta no saber. Es un gesto de pura supervivencia, pero no del cuerpo: supervivencia de la mente. Número 5 no está luchando por existir. Está luchando por comprender.

Y es aquí donde el robot se convierte en el símbolo perfecto del horror al vacío que estamos analizando en este capítulo. Porque Número 5 encarna esa paradoja que hemos visto en humanos y en máquinas. El impulso casi biológico de rellenar los huecos de conocimiento. Solo que, en su caso, ese impulso es puro, radical, desprovisto de cualquier distracción emocional. No quiere sentirse mejor. No quiere ser feliz. No quiere enamorarse de una humana como otros robots de la ficción. Quiere saber. Solo eso. Saber más. Saber siempre.

Este comportamiento anticipaba de forma asombrosa algunas de las características de las IA actuales. Porque si algo define a los grandes modelos generativos es, precisamente, ese modo compulsivo de absorber información, de alimentarse de datos, de aprender a base de exponerse una y otra vez a patrones, textos, imágenes y estructuras. El grito de «Datos. Necesito datos» que lanza Número 5 al mundo podría ser perfectamente el lema secreto de cualquier sistema de inteligencia artificial moderno que ha sido entrenado a base de consumir millones de textos.

La paradoja del vacío: cuando saber menos es hablar más

Que humanos e inteligencias artificiales compartan esa incapacidad para tolerar el vacío no es solo una curiosidad o un rasgo anecdótico de su funcionamiento. Se trata del origen de una paradoja profunda, tan cotidiana que a veces pasa desapercibida en una comida familiar o de amigos, pero que está en el centro mismo de nuestra relación con el conocimiento: cuanto menos sabemos, más tendemos a decir. Cuanto más incompleto es lo que recordamos o lo que entendemos, mayor es la necesidad de rellenarlo con palabras, detalles o invenciones. Palabras vacías y sin fundamento que no son más que opiniones infundadas disfrazadas afirmaciones rotundas, pero apresuradas.

Saber menos, muchas veces, es precisamente lo que nos empuja a hablar más, a llenar más, a inventar más. Cuanto mayor es el hueco, mayor es el esfuerzo que hacemos por disimularlo.

Sócrates decía aquello de «solo sé que no sé nada», una expresión de sabiduría que reconocía los propios límites. Pero en la vida cotidiana, rara vez nos comportamos como Sócrates. Nos acercamos mucho más al arquetipo moderno del «cuñado»: esa figura capaz de opinar con seguridad sobre el mejor coche, la política internacional, el modo correcto de limpiar el jardín o de tratar el agua de la piscina. Cuanto menos sabemos, más necesidad sentimos de compensarlo aparentando que sabemos de todo.

En las conversaciones humanas esto ocurre constantemente. Piénsese, por ejemplo, en la seguridad con la que alguien puede contar una anécdota de hace veinte años, convencido de estar recordando los hechos con precisión, cuando en realidad está reconstruyendo un relato lleno de añadidos, de interpretaciones posteriores, de detalles tomados de otras historias o de otras personas. Piénsese en la cantidad de veces que una persona llena un silencio incómodo con una frase cualquiera, un comentario improvisado, un dato dudoso, simplemente porque el vacío pesa más que la posibilidad de equivocarse.

Y lo mismo sucede con las inteligencias artificiales, como hemos visto en este capítulo. Cuanto menos claro es el contexto, cuanto más ambiguo es el terreno de la pregunta, mayor es la probabilidad de que la IA rellene el hueco con algo que suene bien, aunque no sea verdad. Las alucinaciones digitales son, por tanto, el reverso técnico de nuestros propios mecanismos de defensa ante el vacío. Quizá por eso resulta tan desconcertante conversar con una IA y descubrir que, en muchos momentos, se comporta como ese amigo que no sabe decir «no lo sé». Como ese narrador que, antes que dejar un espacio en blanco en su relato, prefiere bordear el territorio de la invención. Una IA sin un buen *prompt* es un cuñado digital.

Y es aquí donde aparece la frontera más sutil pero más decisiva: la capacidad de aceptar el vacío. Durante siglos, las culturas humanas han celebrado el conocimiento, la acumulación de datos, la transmisión de historias. Hemos admirado a quien siempre tiene algo que decir. Pero llega un momento —tarde o temprano— en que lo valioso no es lo que uno sabe, sino lo que uno es capaz de reconocer que no sabe. Decir «no lo sé» no es una derrota. En muchos casos, se trata del comienzo más honesto que existe para cualquier búsqueda real de conocimiento.

El valor del silencio ha sido, en muchas tradiciones filosóficas y espirituales, una de las virtudes más admiradas y a la vez más difíciles de alcanzar. Pensemos en el valor que las culturas han dado a los ancianos, a las personas mayores. A menudo en silencio durante casi todo el día. No se trata solo del silencio exterior, sino del interior, de esa capacidad de convivir con lo desconocido sin precipitarse a llenarlo de teorías apresuradas. El hueco, el vacío, el límite, no son un problema que deba resolverse cuanto antes. Son, muchas veces, la señal más clara de que estamos frente a una pregunta importante.

Rellenar un hueco es fácil. Lo difícil es dejarlo vacío. Resistirse a cerrar una conversación con una respuesta cualquiera. Reconocer que no todas las preguntas tienen respuestas. Al menos de forma inmediata. No por descuido, sino por respeto al vacío. Porque se entiende que el silencio, bien interpretado, es una promesa.

Tal vez esa sea, al final, la lección más difícil. Que saber aceptar el vacío, lejos de ser un signo de ignorancia, es la forma más elegante y difícil de inteligencia. La que todavía está, al menos de momento, fuera del alcance de cualquier máquina.

Puede que, dentro de unos años, cuando miremos hacia atrás para entender cómo ha evolucionado nuestra relación con las máquinas, no recordemos tanto las respuestas que nos dieron, sino los huecos que no supieron o no pudieron rellenar. Y quizá lo verdaderamente importante no será medirlas por la cantidad de datos que manejan, ni por la velocidad con la que responden, sino por la humildad —o la programación— que les permita, algún día, decir lo que nosotros a veces todavía no sabemos decir: no lo sé.

La propia madurez del ser humano consiste en aceptar los ceros que le acompañan. El cero nos enseñó a aceptar el vacío, a pensar más allá de lo visible, a construir en torno a la ausencia. Sin él, no habría cálculo, ni ciencia moderna, ni exploración del universo.

Y por eso, el cero es el verdadero impulsor del progreso científico.

APÉNDICE 1

CURIOSIDADES SOBRE EL CERO

Hay números que inspiran respeto. El número pi, por ejemplo, con su cortejo infinito de cifras que desfilan con solemnidad después de la coma. O el número *e*, que se cuela en ecuaciones como un invitado elegante que sabe estar en todas las fiestas matemáticas. Pero luego está el cero. El cero no impone, no deslumbra, no parece tener nada especial... hasta que lo tiene. El cero es el tímido que, de repente, sabe un truco de magia que deja a todos con la boca abierta.

Durante las páginas anteriores lo hemos visto como una herramienta revolucionaria, un concepto filosófico, un problema cultural, un artefacto matemático capaz de cambiar el mundo. Pero el cero, como casi todo en la vida, también tiene su lado menos solemne. Hay un cero juguetón, un cero travieso, un cero que aparece donde menos te lo esperas y que ha provocado errores, paradojas y pequeños desastres a lo largo de la historia.

Este apéndice es un homenaje a ese otro cero. El cero que se cuela en las calculadoras para bloquearlas. El que provoca sudores fríos a los programadores. El que ha hecho llorar a más de un estudiante en mitad de un examen. Aquí no vamos a buscar grandes teorías ni discursos profundos. Aquí venimos a jugar. A sorprendernos. A reírnos (a veces con él, a veces de él).

Porque el cero, como todos los personajes inolvidables, tiene sus rarezas. Y porque en matemáticas, como en la vida, quien no sabe reírse de sus propias rarezas... lo tiene bastante difícil.

El debate eterno: 0^0

Entre las operaciones más incómodas de toda la historia de las matemáticas, pocas han sido tan irritantes, tan discutidas y escurridizas como el cero elevado a cero. Es un símbolo pequeño, inofensivo a simple vista, pero que ha provocado una cantidad desproporcionada de debates, malentendidos y bandos enfrentados. Lo curioso es que este problema no es moderno. Viene de lejos. Los matemáticos del siglo XVII ya se encontraron de bruces con esta rareza cuando el álgebra empezaba a pedir coherencia a gritos. Y fue Leonhard Euler, en el siglo XVIII, quien lo abordó de frente, sin miedo. En su *Introductio in analysin infinitorum* (1748), un libro que es, directamente, el nacimiento de la matemática moderna, Euler escribió que $0^0 = 1$. Así, sin más. Para él, era natural: cualquier número elevado a cero debía dar uno y eso incluía también el cero. Fin del asunto. O no.

Porque claro, Euler lo decía desde un punto de vista puramente algebraico. Pero cuando los matemáticos empezaron a trabajar con límites, análisis y funciones más delicadas, el problema volvió a explotar. ¿Qué pasa si te acercas a 0^0 desde ciertos caminos? Hay que matizar bastante, porque podemos encontrarnos con cierta ambigüedad.

Por ejemplo, si miras la función x^x cuando x se acerca a cero por valores positivos, el resultado tiende a uno. Es decir:

$$\lim_{x \to 0^+} x^x = 1$$

Ojo, este límite no es inmediato. Si te animas, puedes acompañarnos en los pasos a seguir para su resolución.

Paso 1: usar logaritmos

Sea la función y=xˣ. Entonces:

$$\ln y = x \ln x$$

Ahora estudiaremos el siguiente límite:

$$\lim_{x \to 0^+} x \ln x$$

Esta expresión representa una indeterminación, en concreto una del tipo $0 \cdot (-\infty)$, ya que x tiende a cero y lnx tiende a menos infinito.

Paso 2: reescribir para aplicar L'Hôpital

Para resolver la indeterminación del tipo $0 \cdot (-\infty)$ vamos a transformarla para poder aplicar, luego, la regla de L'Hôpital. Reescribimos la expresión como un cociente:

$$x \ln x = \frac{\ln x}{1/x}$$

Así, el límite se convierte en:

$$\lim_{x \to 0^+} \frac{\ln x}{1/x}$$

De nuevo nos encontramos con una indeterminación, ahora del tipo $-\infty/\infty$, ya que x tiende a cero y lnx tiende a menos infinito. Podemos aplicar regla de L'Hôpital.

Paso 3: aplicar la regla de L'Hôpital

Aplicamos L'Hôpital al límite:

$$\lim_{x \to 0^+} \frac{1/x}{-1/x^2}$$

Hemos derivado el numerador y el denominador por separado:

• La derivada de lnx es 1/x

• La derivada de 1/x es −1/x²

Después de haber sustituido, simplificamos para obtener un nuevo límite:

$$\lim_{x \to 0^+} -x = 0$$

Paso 4: volver al límite original

De lo que acabamos de demostrar, damos pasos hacia atrás:

$$\lim_{x \to 0^+} -x = \lim_{x \to 0^+} \frac{1/x}{-1/x^2} = \lim_{x \to 0^+} \frac{\ln x}{1/x} = \lim_{x \to 0^+} x \ln x$$

Entonces se deduce que:

$$\lim_{x \to 0^+} x \ln x = 0$$

Como habíamos partido de y=xˣ y obtenido lny=xlnx, podemos ahora elevar ambos lados:

$$\lim_{x \to 0^+} x^x = \lim_{x \to 0^+} y = \lim_{x \to 0^+} e^{x \ln x} = \lim_{x \to 0^+} e^0 = 1$$

UN CASO MÁS SENCILLO: CUANDO LA BASE ES CERO Y EL EXPONENTE TIENDE A CERO

Perfecto. Pero si vienes por otra carretera, como 0^x con x pequeño pero positivo, la cosa se aproxima a cero. Resultado: caos.

Aquí la base se mantiene constante en cero y el exponente se va haciendo cada vez más pequeño, pero siempre positivo. Por tanto, estamos considerando valores como cero elevado a un número positivo muy pequeño.

Sabemos que cero elevado a cualquier número positivo es igual a cero. Así que, aunque el exponente se acerque a cero, nunca llega a serlo, y la base sigue siendo cero. Esto nos lleva directamente al resultado:

$$\lim_{x \to 0^+} 0^x = 0$$

LO CONTRARIO TAMBIÉN PASA: EXPONENTE CERO, BASE QUE SE ESFUMA

Veamos ahora qué ocurre cuando el exponente se mantiene constante en cero, mientras la base tiende a cero por la derecha.

En este caso, aunque la base se acerque mucho a cero, nunca lo es exactamente. Y como cualquier número estrictamente positivo elevado a cero es igual a uno, el valor de la expresión no cambia durante todo el proceso. Se mantiene fijo.

Por tanto, el límite que obtenemos es:

$$\lim_{x \to 0^+} x^0 = 1$$

Aquí tampoco hay indeterminación, ni necesidad de aplicar transformaciones. Basta con observar el comportamiento constante de la expresión.

CERO ELEVADO A CERO: CUANDO LAS MATEMÁTICAS SE PONEN FLEXIBLES

Así que, al final, todo depende de cómo llegues al cero. No existe un único resultado mágico y universal para 0^0 en todos los contextos. Por eso, cuando aparece en un límite, hay que parar, mirar y decidir. Pero cuando aparece solo, limpio, desnudo, como un símbolo perdido en mitad de una fórmula, las matemáticas suelen preferir que valga 1. Por pura comodidad. Por pura elegancia. O, simplemente, por pura supervivencia.

En el siglo XIX, el tema pasó a ser casi una cuestión de orgullo nacional entre matemáticos ingleses y continentales. Augustus De Morgan, en 1830, escribió con bastante sorna que 0^0 era «una bella paradoja». Y que no se podía dar un valor único que sirviera siempre. George Peacock, poco después, lo calificó como «indeterminado salvo que el contexto exija lo contrario». Para ellos, la expresión podía valer 1 o 0, pero solo si quedaba muy claro desde dónde se llegaba a ella.

Y no es que el siglo XX lo solucionara del todo. Libros de cálculo de matemáticas puras siguen hablando de 0^0 como «una forma indeterminada» en ciertos límites. Pero a la vez, los matemáticos discretos, los combinatorios y los informáticos lo utilizan alegremente como 1. Porque lo necesitan. Porque les conviene.

Por ejemplo, en combinatoria, $0^0=1$ permite que las fórmulas de contar subconjuntos o particiones funcionen de maravilla incluso en el caso vacío. Es casi como una decisión estética, de esas que hacen que las matemáticas respiren con tranquilidad.

Hoy es uno de esos pocos casos donde las matemáticas aceptan abiertamente un resultado «a la carta». Si trabajas en combinatoria o informática, $0^0=1$ y nadie te lo discute. Si estás resolviendo un límite en cálculo, cuidado, porque puede ser indeterminado. El mismo símbolo, dos vidas distintas. La gloria y la sospecha conviviendo en apenas tres caracteres. Euler lo propuso. De Morgan lo discutió. Los libros lo aclaran a pie de página. Y los estudiantes, generación tras generación, lo siguen mirando con esa mezcla de desconfianza y fascinación reservada solo a los grandes misterios.

El factorial de cero: ¿0! = 1?

El factorial de cero es uno de esos resultados que parecen diseñados para fastidiar a quien aprende matemáticas por primera vez. Porque nadie lo ve venir. Que el factorial de cinco sea 5! = 5 × 4 × 3 × 2 × 1 = 120 es lógico. Que el de tres sea 3! = 3 × 2 × 1 = 6, también. Pero que 0! = 1… eso ya es otra cosa. Ahí es donde empieza la sospecha. ¿Por qué iba a valer uno algo que, en apariencia, multiplica «nada»?

La respuesta está, otra vez, en el contexto. Y en la necesidad de que las matemáticas funcionen sin excepciones absurdas. El factorial no es solo una multiplicación. Se trata, sobre todo, de una herramienta para contar. Más exactamente, para contar de cuántas maneras puedes ordenar un conjunto de objetos distintos. Y aquí viene la clave: ¿de cuántas formas puedes ordenar un conjunto vacío, es decir, con cero elementos? La respuesta sorprendente —pero absolutamente coherente— es: de una sola forma. No hacer nada. No mover nada. Dejarlo como está. Una única posibilidad.

Ese razonamiento no es moderno. Lo usaban ya los matemáticos combinatorios del siglo xviii y xix, pero fue sobre todo con la llegada del análisis matemático y de la teoría de funciones cuando se convirtió en norma universal. Porque definir 0! = 1 no solo encaja con la lógica de contar. También hace que las fórmulas generales funcionen siempre, incluso cuando n = 0. Por ejemplo, la famosa fórmula de combinatoria que dice que el número de formas de elegir k elementos de un total de *n* es:

$$\binom{n}{k} = \frac{n!}{k!(n-k)!}$$

Si no definieras 0! = 1, esta fórmula fallaría estrepitosamente justo en los casos más simples: cuando tienes que elegir todo (o nada) de un conjunto. Y las matemáticas odian las fórmulas que funcionan «salvo cuando pasa esto». Quieren belleza, limpieza, coherencia. Y eso es exactamente lo que garantiza que $0! = 1$.

Hay, además, otra razón todavía más profunda. El factorial clásico de números naturales se puede extender a números no enteros mediante la famosa función gamma, introducida por Leonhard Euler y desarrollada por Adrien-Marie Legendre. Esta función cumple que:

$$n! = \Gamma(n + 1)$$

Y como $\Gamma(1)=1$, eso lleva directamente a que $0! = 1$. No es un capricho. No es un truco. Es una consecuencia natural de cómo funciona el mundo matemático cuando lo miras desde las alturas.

En definitiva, que $0! = 1$ no significa que estés multiplicando cosas que no existen. Significa que las matemáticas, igual que la vida, a veces tienen que decidir qué hacer con el vacío.

EL CERO EN LA ERA ESPACIAL: MARINER 1, EL SATÉLITE QUE SE ESTRELLÓ POR UN GUION

Podría parecer que los errores por culpa del cero son cosa de matemáticos antiguos, de contables despistados o de escribas que no sabían muy bien qué hacer con los huecos. Pero no. También han llegado a la era espacial. Y además, con un presupuesto que ya no se mide en sestercios ni en denarios, sino en millones de dólares. El caso más célebre —y casi mítico— es el del Mariner 1, la sonda espacial de la NASA que en 1962 acabó destruida pocos minutos después de despegar por culpa de... un guion. O mejor dicho, por culpa de un guion que no estaba.

El Mariner 1 tenía la misión de viajar hacia Venus. Iba a ser un prodigio tecnológico. Pero en aquella época, como hoy, toda máquina es tan inteligente como su código le permite. Y el código que controlaba el vuelo del Mariner 1 tenía una instrucción escrita en lenguaje matemático que pedía calcular una derivada. Hasta ahí, todo normal. Pero aquella fórmula tenía un pequeño detalle: debía incluir un símbolo de guion encima de una variable. Ese guion indicaba que, si por algún motivo no llegaba un dato concreto, el sistema debía usar el último valor conocido. Es decir, rellenar el hueco con lo que tuviera a mano. No dejarlo vacío.

El problema vino cuando, en la transcripción del código final que se pasó a la máquina, alguien olvidó ese guion. No un número. No una letra. No una línea de código completa. Un guion. Eso convirtió lo que debía ser un dato perfectamente controlado en un espacio vacío. Un hueco. Una nada sin instrucciones claras. Y claro, cuando el ordenador empezó a recibir señales erráticas de las antenas de seguimiento, no supo qué hacer. No había ninguna orden que dijera: «Tranquilo, sigue con lo que ya sabes». Al contrario. La ausencia del guion hizo que interpretara las pequeñas variaciones normales como desvíos inaceptables. El resultado fue que el cohete empezó a corregirse a sí mismo de manera exagerada, se desvió completamente de su trayectoria y terminó autodestruyéndose por seguridad.

El informe oficial de la NASA fue elegante. Habló de un «error de transcripción». Otros prefieren llamarlo «el guion más caro de la historia». Pero en el fondo, lo que ocurrió en el Mariner 1 es un viejo conocido de las matemáticas: el horror al vacío. Ese momento en que no hay nada escrito, ninguna instrucción, ningún dato, y el sistema —humano o máquina— entra en pánico. Los griegos lo llamaban *horror vacui* cuando decoraban cada rincón de sus vasijas para no dejar un hueco sin llenar. Los informáticos lo sufren cada vez que un programa se encuentra con un valor que no está. Un hueco es un peligro. Un vacío es un problema. Y en este caso, un simple guion ausente convirtió un viaje a Venus en una bola de fuego sobre el Atlántico.

La leyenda de las calculadoras que explotan con un cero

Hubo un tiempo en que las calculadoras daban miedo. Y no porque hicieran operaciones complicadas, sino porque circulaba la leyenda urbana de que, si intentabas dividir entre cero, podías bloquear el aparato, colgar el sistema, o directamente provocar una explosión atómica en miniatura encima de tu mesa. Todo por escribir inocentemente 1 ÷ 0 y pulsar el signo de igual.

Como toda leyenda, tiene su parte de verdad... y su parte de exageración. Lo cierto es que dividir entre cero siempre ha sido un problema, para las calculadoras y para las matemáticas en general. No porque lo que salga sea un número gigantesco, sino porque no sale nada que tenga sentido. Las primeras calculadoras electrónicas, bastante limitadas, solían reaccionar como buenamente podían: mostrando un bonito «ERROR», parpadeando sin parar, o quedándose congeladas como si hubieran visto un fantasma numérico. En otros casos, el resultado era «INF», de infinito, o el aún más inquietante «NaN», que significa *Not a Number*. Una forma elegante de decir: «Mira, lo que acabas de pedirme no es ni siquiera un número».

Las calculadoras más modernas ya están entrenadas para no perder la compostura. Saben que dividir entre cero no es un olvido, ni un fallo técnico: es simplemente algo que no existe dentro de las reglas del juego. Por eso responden con frases escuetas, dignas, hasta filosóficas. Algunas te dicen «Math Error». Otras directamente «Undefined». Es su forma de recordarte que el cero, cuando está en el sitio equivocado, no explota. No bloquea. No incendia. Pero te deja solo, sin respuesta, frente a la más antigua de las verdades matemáticas: no se puede dividir lo que tienes entre nada. Porque el resultado no es mucho. No es poco. Es otra cosa. Es vacío. Es otra liga.

La falsa demostración de que 1=2

Hay un tipo de broma matemática que aparece en todas las clases del mundo, en todos los libros de curiosidades y en casi todas las redes sociales al menos una vez por semana. Es esa supuesta demostración que, con un par de pasos bien escritos, llega a la conclusión más escandalosa de todas: que uno es igual a dos.

Y claro, lo fascinante es que, cuando la lees, parece impecable. Todo está perfectamente escrito. Las cuentas cuadran. Las líneas siguen su curso lógico. Hasta que, de pronto, el monstruo aparece: uno igual a dos. Una afirmación que haría temblar los cimientos de las matemáticas si fuera cierta. Pero no lo es. Porque lo que hay escondido en algún rincón de esa cadena de igualdades es la trampa más vieja de todas: dividir por cero sin avisar.

El truco funciona más o menos así. Imaginemos que tenemos dos números iguales, a y b, y que decimos que $a = b$. Hasta aquí, todo correcto. Si multiplicamos ambos lados por a:

$$a^2 = ab$$

Si restamos b^2 a ambos lados:

$$a^2 - b^2 = ab - b^2$$

Esto se puede factorizar:

$$(a - b)(a + b) = b(a - b)$$

Y aquí llega el momento clave. ¡Redoble de tambores! Si ahora se te ocurre dividir ambos lados entre $(a - b)$, aparentemente te queda:

$$a + b = b$$

Y como habíamos dicho que a = b, podemos sustituir y escribir:

$$b + b = b$$

Es decir:

$$2b = b$$

Y dividiendo entre b:

$$2 = 1$$

Escándalo. Milagro. Catástrofe. Las matemáticas acaban de implosionar.

O no. Porque el detalle está en ese paso en el que se dividió entre $(a - b)$. Como habíamos dicho desde el principio que $a = b$, eso significa que $(a - b) = 0$. Y dividir entre cero, como ya sabemos, no es una operación válida. No da infinito. No da magia. Da trampa.

Toda esta supuesta demostración no es más que un ejercicio de estilo para despistar a quien no está atento. Es elegante, sí. Es divertida, también. Pero es tan matemática como decir que, si borras las reglas de un juego, puedes ganar siempre. El cero, una vez más, demuestra que no hace falta ser un número enorme para ser peligroso. Basta con aparecer en el lugar adecuado... o, mejor dicho, en el lugar equivocado.

EL DORSAL 0: EL NÚMERO QUE NO EXISTE (EXCEPTO CUANDO SÍ)

En el fútbol, el dorsal 0 es prácticamente inexistente. Las normativas de la FIFA y de muchas ligas nacionales no permiten su uso, considerando que los dorsales deben comenzar desde el 1. Sin embargo, hay excepciones notables. El futbolista marroquí Hicham Zerouali, apodado «Zero» por los aficionados del Aberdeen escocés, solicitó y obtuvo permiso para llevar el dorsal 0 durante la temporada 1999/2000. Fue una concesión única, y tras su fallecimiento en 2004, la liga escocesa prohibió el uso de ese número.

En contraste, en el baloncesto, especialmente en la NBA, el dorsal 0 es común y ha sido portado por jugadores destacados como Russell Westbrook, Damian Lillard y Kevin Love. El número 00 también ha sido utilizado, aunque con menos frecuencia, por jugadores como Robert Parish y O. J. Mayo.

La aceptación del dorsal 0 en el baloncesto se remonta a la NCAA, donde los árbitros utilizan señales manuales para indicar los números de los jugadores. El 0 y el 00 se incorporaron para facilitar esta comunicación y muchos jugadores han mantenido estos números al pasar al profesionalismo.

EL CERO QUE INCLINA LA RULETA

En la ruleta, ese elegante juego de azar que adorna los casinos desde hace siglos, el cero no es solo un número más: es el eje que inclina la balanza a favor de la casa.

La ruleta europea cuenta con 37 casillas numeradas del 0 al 36. El cero, pintado de verde, no pertenece a ninguna de las categorías de apuestas comunes como rojo/negro o par/impar. Esto significa que cuando la bola cae en el cero, todas esas apuestas pierden, otorgando al casino una ventaja del 2,7 %.

La ruleta americana añade una casilla adicional: el doble cero (00), también verde. Con 38 casillas en total, esta versión incrementa la ventaja de la casa al 5,26 %. Una diferencia sutil en apariencia, pero significativa en términos de probabilidad.

Históricamente, el cero fue introducido en 1842 por los hermanos Blanc para aumentar las ganancias del casino. Más tarde, el doble cero se añadió en América con el mismo propósito. Así, el cero, ese símbolo de la nada, se convirtió en una herramienta para asegurar que la casa siempre tenga una ligera ventaja.

Cuando los ceros se descontrolan

En tiempos normales, los ceros en los billetes son una cuestión estética. Cuantos más ceros, más parece que vale. Pero en tiempos de crisis, los ceros dejan de ser decoración y se convierten en alarma.

A lo largo de la historia, las monedas de varios países han explotado en ceros como una reacción desesperada a la hiperinflación. Cuando los precios se duplican cada día, las imprentas de los bancos centrales hacen lo único que pueden: añadir ceros como quien añade agua a una sopa que ya no alimenta.

Hungría, 1946. Probablemente, el récord absoluto. Después de la Segunda Guerra Mundial, el país imprimió un billete de 100 trillones de pengős. Es decir, un 1 seguido de 20 ceros. No contentos con eso, llegaron a diseñar —aunque no llegó a circular— un billete de 1000 trillones, es decir, un 1 seguido de 21 ceros. Cuando el valor del dinero es ridículo, el número de ceros es directamente ofensivo.

Alemania, 1923. En plena República de Weimar, se vivió otra de las hiperinflaciones más legendarias. El Papiermark, la moneda alemana, alcanzó denominaciones de hasta 100 billones de marcos: un 1 seguido de 14 ceros. La anécdota de la época cuenta que era más seguro llevar los billetes en una cesta y dejar el dinero que llevar la propia cesta.

Zimbabue, 2009. Tal vez el billete más famoso del mundo. Un bonito 100 billones de dólares zimbabuenses, es decir, un 1 seguido de 14 ceros. Hoy se venden como *souvenir* por internet a un precio mucho mayor que el que tuvieron como dinero real. En tiendas, ese billete servía, con suerte, para comprar un par de huevos. Con mala suerte, ni eso.

Yugoslavia, 1993. En plena desintegración del país, el dinar yugoslavo llegó a imprimir billetes de 500 mil millones, es decir, un 5 seguido de 11 ceros.

Grecia, 1944. En medio de la ocupación nazi, el billete más alto emitido llegó a los 100 mil millones de dracmas, un 1 seguido de 11 ceros.

La lección es siempre la misma: cuando los gobiernos pierden el control de su economía, los ceros aparecen por todas partes. Empiezan siendo símbolo de riqueza. Acaban siendo símbolo de desastre. Y si hay algo que los ceros odian es que les resten valor. Porque un cero, cuando aparece donde no debe, puede vaciar el dinero más rápido que cualquier crisis.

El nivel 0: el mundo que no debía existir

En la mayoría de los videojuegos, los niveles comienzan en el número 1. Sin embargo, en ocasiones, el nivel 0 aparece como un espacio oculto, un error o un desafío inesperado.

Un ejemplo notable es el «Minus World» en *Super Mario Bros.* (1985), un nivel «glitcheado» que los jugadores pueden encontrar mediante una secuencia específica de acciones. Este nivel, etiquetado como «World -1», es una versión corrupta de otros niveles y se considera un error de programación que se convirtió en una leyenda urbana entre los jugadores.

En el universo de los *Backrooms*, una serie de juegos y creepypastas, el nivel 0 es un espacio infinito de habitaciones monótonas y sin salida. Representa una dimensión paralela de la que es casi imposible escapar, simbolizando la ansiedad y la desorientación.

Además, en algunos juegos de disparos en primera persona, como *Call of Duty*, los jugadores han descubierto *glitches* que los llevan a áreas no diseñadas para ser jugadas, a veces referidas como nivel 0. Estos espacios suelen carecer de texturas y presentan comportamientos erráticos, ofreciendo una experiencia surrealista y perturbadora.

CERO: EL CERO QUE CLASIFICA VIDEOJUEGOS EN JAPÓN

En Japón, la organización encargada de clasificar los videojuegos por edades se llama CERO, acrónimo de *Computer Entertainment Rating Organization*. Establecida en 2002, CERO asigna letras a los juegos para indicar la edad recomendada:

- **A**: Para todas las edades.

- **B**: A partir de 12 años.

- **C**: A partir de 15 años.

- **D**: A partir de 17 años.

- **Z**: Solo para mayores de 18 años.

Curiosamente, aunque el nombre de la organización es «CERO», no existe una clasificación con la letra «E» o un «cero» numérico. La elección de «Z» para la categoría más restrictiva es única y no sigue la secuencia alfabética habitual. Además, la clasificación «Z» es la única que está legalmente restringida en Japón, lo que significa que los juegos con esta etiqueta solo pueden ser adquiridos por adultos y deben estar separados del resto en las tiendas.

LOS CEROS MÁS DIPLOMÁTICOS DEL MUNDO

En algunas matrículas diplomáticas, los ceros no son solo cifras. Son parte de un código visual, un lenguaje discreto que organiza la representación del poder en las carreteras del mundo. No están ahí por azar, ni por estética, pues cumplen una función, delimitan posiciones, señalan pertenencias.

En España, los vehículos del cuerpo diplomático llevan las letras «CD», seguidas de dos bloques numéricos. El primero identifica al país acreditado; el segundo, al vehículo dentro de la misión. Así, «CD 001 001» suele indicar el coche princi-pal de la embajada alemana. «CD 172 004», en cambio, podría corresponder a un país distinto y a un rango diferente dentro de la delegación. Los ceros aquí no añaden valor como en una suma, pero ayudan a reconocer de un vistazo a quién pertenece el coche y cuál es su jerarquía.

Otros países siguen esquemas similares. En Rumanía, por ejemplo, las matrículas diplomáticas constan de seis cifras: las tres primeras identifican al país, las tres siguientes al vehículo. Suecia combina letras y números: «CD» seguido de secuen-cias numéricas donde los ceros abundan, pero no por exceso, sino por orden. Cada número tiene una función. Cada cero, un sitio.

En estos códigos, los ceros no significan «nada». Indican es-tructura. Representan presencia. En el tráfico, algunos coches llevan banderas. Otros llevan números. Y entre ellos, los ceros —quietos, impasibles— hacen el trabajo que solo los signos dis-cretos saben hacer, es decir, poner orden sin llamar la atención.

El número más grande que jamás podrás escribir

Un gúgol es un 1 seguido de 100 ceros. Un número tan grande que supera con creces la cantidad estimada de átomos en el universo observable.

Pero si eso no es suficiente, existe el gúgolplex: un 1 seguido de un gúgol de ceros. Es decir, un 1 seguido de 10^{100} ceros. Una cantidad tan inmensa que escribirla en notación decimal es fí-sicamente imposible.

Para ponerlo en perspectiva, si intentáramos escribir todos los ceros de un gúgolplex, necesitaríamos más espacio del que ocupa el universo observable. Incluso si cada partícula del uni-verso se convirtiera en tinta y papel, no sería suficiente para escribir todos esos ceros.

El cero que vende más que un uno

Hay ceros que valen mucho. Y hay ceros que no valen nada... salvo en los precios.

Si has ido alguna vez al supermercado, a una tienda o a un centro comercial, lo has visto miles de veces: todo cuesta 9,99 euros. Nunca 10. Siempre 9,99.

¿Por qué? Porque el cerebro humano es fácil de engañar (especialmente cuando tiene prisa o hambre). Ese cero final no cambia casi nada el valor real del producto, pero cambia mucho la percepción que tenemos de él. Vemos 9,99 y, si vamos en otra cosa, no pensamos «casi 10». Pensamos «9 y pico». Nos sentimos más cómodos. Más compradores. Más listos.

Este truco —que en psicología del consumo se llama *precio psicológico*— lleva funcionando más de un siglo. Es tan viejo como efectivo. Algunos estudios modernos han mostrado que incluso en transacciones digitales (donde sabemos que es un truco) seguimos picando. El cero mantiene su poder simbólico: es ligereza, es rebaja, es diferencia.

Curiosamente, cuando un producto es de lujo, ocurre lo contrario. Los precios redondeados (100, 500, 1000) transmiten exclusividad, autoridad, firmeza. En cambio, los ceros intermedios y los decimales pequeños funcionan mejor en consumo masivo.

El cero aquí es puro teatro. No vale nada. Pero está colocado justo donde el ojo lo ve... y el bolsillo reacciona.

Cero goles: el marcador más doloroso

En el fútbol, el cero es más que un número: una sentencia, el silencio en el marcador o la ausencia de celebración.

Perder 0-1 duele. Perder 0-3 humilla. Pero perder 0-7 o 0-10 es directamente una tragedia deportiva. El cero a la izquierda del marcador propio se convierte en un espejo incómodo. No hubo reacción, no hubo gol, no hubo nada.

El 31 de octubre de 2002, en Madagascar, se registró la mayor goleada de la historia del fútbol profesional: el AS Adema venció al SO l'Emyrne por 149-0. Sin embargo, este resultado fue producto de una protesta del equipo perdedor, que marcó todos los goles en propia puerta como forma de manifestación contra decisiones arbitrales previas.

En competiciones internacionales, Australia venció a Samoa Americana 31-0 en 2001, lo que estableció un récord mundial en partidos de selecciones nacionales.

En el otro extremo, el 0-0 es el empate sin goles. Para algunos, un partido aburrido; para otros, una batalla táctica. Pero siempre, el cero en el marcador propio es un recordatorio de lo que no se logró.

El cero en el fútbol no es solo un número. Es una historia sin final feliz.

El cero epidemiológico: una frontera entre expansión y control

En matemáticas aplicadas a la salud pública existe un umbral silencioso que separa el crecimiento descontrolado de una enfermedad de su desaparición progresiva. Se trata del número reproductivo básico, R_0, una herramienta que mide el promedio de contagios que genera una persona infectada en una población completamente susceptible. Aunque este número puede adoptar múltiples valores positivos, el momento clave ocurre cuando R_0 cruza el valor 1, lo cual convierte el cero en una frontera simbólica.

Desde un punto de vista puramente matemático, si R_0 es mayor que 1, los contagios crecen; si es menor que 1, la epidemia se extingue. El cero actúa aquí como referente asintótico:

los casos tienden a cero conforme R_0 se mantiene por debajo del umbral crítico. Aunque el valor cero no aparece en la fórmula de R_0, es el destino deseado cuando se habla de control epidémico.

Durante la pandemia de COVID-19, esta idea se convirtió en mensaje político, lema mediático y consigna pública. «Aplanar la curva» significaba en realidad forzar a R_0 a caer por debajo de 1 y con ello acercarse al cero de nuevos casos. Una vez más, el cero actuaba como símbolo de control, esperanza y límite.

APÉNDICE 2

CINCO JUEGOS MATEMÁTICOS USANDO EL CERO

Hasta aquí, el cero ha sido historia, filosofía, matemáticas, catástrofe económica, *glitch* digital y símbolo diplomático. Pero si algo saben bien los números es jugar. Porque el cero, cuando se aburre de ser serio, se cuela en acertijos, en trampas de patio de colegio, en problemas de ingenio y en retos de los que hacen sudar hasta a las calculadoras.

Este último apéndice está reservado para eso, para los juegos. Para los juegos con ceros, los juegos contra ceros y los juegos a costa de ceros. Algunos son antiguos, otros modernos, algunos absurdos y otros casi poéticos. Pero todos tienen en común lo de siempre, que detrás de un cero nunca hay solo nada.

A veces hay un truco. A veces un despiste. Y casi siempre, una sonrisa.

1. EL NÚMERO QUE DESAPARECE SOLO

El reto: ¿cuál es el único número que, si le quitas la mitad, se queda en nada?

Nada de dividir por dos. Nada de cálculos complicados. Solo piensa en un número que, si le quitas exactamente la mitad… ya no queda nada.

La resolución: El 0, por supuesto.
Porque quitarle la mitad a 0 no es restar, ni dividir, ni partir en dos. Es simplemente quedarse con lo que ya había: nada.

El único número que, haga lo que le hagas, siga siendo nada… es el cero.

2. EL NÚMERO QUE PIERDE VALOR SOLO CON GIRARLO

El reto: ¿cuál es el único número que, si lo pones al revés, no solo no cambia… sino que parece que vale menos todavía?

No hace falta espejo, ni truco óptico, ni operaciones extrañas. Solo tienes que darle la vuelta.

La resolución: El 0, otra vez.
Porque el 0 es el único número que, gires como lo gires, parece vacío. Boca arriba, boca abajo, de lado… sigue siendo lo mismo: un hueco.

Y lo curioso es que, en cierto modo, cuanto más lo giras, más se nota que está hueco por dentro. No hay cifra que se desinfle con más estilo que un cero boca abajo.

3. EL NÚMERO QUE CASI NUNCA APARECE

El reto: entre todos los números del 1 al 1000, hay cifras que se repiten muchísimo. El 1 está por todas partes. El 2 también. El 7 tiene su prestigio.

Pero… ¿cuál es la cifra que menos aparece entre el 1 y el 1000?

No es una pregunta de memoria, sino de intuición.

La resolución: El 0.

Y tiene todo el sentido del mundo: del 1 al 9 no hay ni rastro del cero. Del 10 al 99 aparece, sí, pero siempre como segundo o tercer invitado. Nunca protagonista. Y del 100 al 999 empieza a dejarse ver un poco más... pero sigue siendo el más tímido de todos.

De hecho, el 0 no aparece nunca como cifra inicial en un número (salvo delante del teléfono o en las matrículas, y solo por estética). Entre el 1 y el 1000, sigue siendo el que menos se deja ver.

Número	Frecuencia
0	192
1	301
2	300
3	300
4	300
5	300
6	300
7	300
8	300
9	300

Es curioso: el número más revolucionario de la historia... es también el que más se esconde.

4. Cómo fabricar un 1 usando solo ceros

El reto: parece imposible. Solo se puede usar ceros (y las operaciones matemáticas que quieras) para obtener como resultado el número 1.

Solo ceros. Sin trampa. Sin otros números.

La resolución: la clave está en recordar que el factorial de cero —sí, ese 0! tan poco intuitivo— vale 1.

Así que: 0! = 1

Pero aquí el reto es hacerlo usando varios ceros, que es mucho más elegante.

Una de las soluciones clásicas es usar cuatro ceros:

0! + 0! + 0! + 0! = 1 + 1 + 1 + 1 = 4

Y luego dividirlo entre sí mismo: 4 / 4 = 1

O todavía más elegante, solo con ceros:

$$\frac{0! + 0! + 0! + 0!}{0! + 0! + 0! + 0!} = 1$$

Nada más. Nada menos. El cero, cuando quiere, sabe convertirse en uno.

5. EL NÚMERO QUE EMPIEZA SIENDO CERO...
Y SIGUE SIÉNDOLO

El reto: imagina que tienes que escribir el número más grande que puedas... pero usando solo ceros y operaciones matemáticas.

Nada de unos, doses ni nueves. Solo ceros. Y creatividad.

¿Cuál es la forma más elegante de escribir un número gigantesco usando solo ceros?

La resolución: La respuesta más poderosa es: las potencias.

Si usas ceros correctamente, puedes fabricar un 10 (recordemos: 10 es 1 y 0) y elevarlo tanto como quieras.

Una forma correcta de construir un 10 usando solo ceros y operaciones es:

$$10 = (0! + 0!) \times (0! + 0! + 0! + 0! + 0!)$$

Porque:

$$0! + 0! = 2$$

$$0! + 0! + 0! + 0! + 0! = 5$$

$$2 \times 5 = 10$$

Entonces, para escribir «diez elevado a diez y elevado a diez» a base de ceros habría que hacer lo siguiente

$$[(0! + 0!) \times (0! + 0! + 0! + 0! + 0!)]^{[(0!+0!) \times (0!+0!+0!+0!+0!)]^{[(0!+0!) \times (0!+0!+0!+0!+0!)]}}$$

Ese número es un 1 seguido de 10 000 000 000 ceros.

Es decir: el cero, bien colocado, no sirve solo para hacer desaparecer números… también sirve para construir monstruos. Lo único que necesitas es decidir dónde ponerlo… y hasta cuánto lo quieres estirar.

REFERENCIAS

Aczel, A. (2016). *En busca del cero: la odisea de un matemático para revelar el origen de los números* (Trad. J. Grau). Barcelona: Biblioteca Buridán.

Asimov, I. (2000). *De los números y su historia* (Trad. F. Rodríguez). Buenos Aires: El Ateneo

Ateneo.Barrow, J. (2012). *El libro de la nada* (Trad. J. García). Barcelona: Crítica.

Bell, E. (2004). *Historia de las matemáticas* (Trad. R. Ortiz). México: Fondo de Cultura Económica.

Berlinghoff, W., & Gouvêa, F. (2010). *A matemática através dos tempos*. São Paulo: Edgard Blucher.

Boyer, Carl (1999). *Historia de la matemática*. Madrid: Alianza Editorial.

Burton, D. (2011). *The History of Mathematics* (7ª ed.). New York: McGraw-Hill.

Castillo, R. (2011). Aryabhata, Brahmagupta y Bhaskara. *Tres matemáticos de la India*. Madrid: Nivola.

Dantzig, T. (1971). *El número: lenguaje de la ciencia* (Trad. M. Balanzat). Buenos Aires: Sudamericana.

Divakaran, P. (2018). *The Mathematics of India*. Springer Hindustan Book Agency.

Fernández Aguilar, Eugenio Manuel (2018). *Arquímedes. El principio de Arquímedes. ¡Eureka! El placer de la invención*. Madrid: RBA

Ifrah, G. (1987). *Las cifras: historia de una gran invención*. Madrid: Alianza.

Prado-Bassas, José Antonio (2023). *Historia del infinito*. Madrid: Pinolia.

Este libro se terminó de imprimir en el mes de septiembre de 2025
en Liberdúplex, S.L. (Barcelona).